文化としての農業
文明としての食料

末原達郎

Liberal Arts
Publishing
House
人文書館

表カバー写真
「京都・大原野の稲穂」
撮影：水野克比古

裏カバー写真
「テンボ人の結婚式にて」
（コンゴ民主共和国［旧ザィール共和国］・キブ州ムニャンジロ村）
撮影：末原達郎

文化としての農業
文明としての食料

文化としての農業　文明としての食料◉目次

序章

文化としての農業と地域社会

文化としての農業を考える

農業は、文化としての側面を強くもっている。現在ではあたりまえのことのようだが、第二次世界大戦以降六五年間、このことは、あまり認識されてこなかった。この時代は、農業を「近代化」することだけが、第一の目標としてかかげられてきたからである。実は、この時代の農業の「近代化」には、二つの側面があった、と考える。一つは、工業化の側面であり、もう一つは、市場経済化の側面である。市場経済化と工業化は、時にはそれぞれが独自に、時には両方が手をたずさえて、日本の農業の「近代化」を推し進めてきたことになる。

農業の「近代化」は、わたしたちの生活に、多くの利点をもたらした。しかし、同時に多くの弊害をもたらすことになった。そこには、どのような問題点があったのだろうか。

たとえば、現代における市場経済システムは、工業製品をあつかうことに適したように作り上げられたシステムである。市場経済システムが、工業製品の流通を前提としているために、農産物もまた、工業製品をモデルとした経済システムに対応するように変形せざるを得なかった。農産物の工業製品への変形ということは、農業にとって、いったいどういう意味をもっているのだろうか。食料と生命の、質と内容が問題になっている今こそ、もう一度本来の意味を問い返す必要がでてきた。

いっぽう、農業や農産物は、工業や工業製品とは異なる側面、さまざまな農業独自の特色をもっている。「文化として農業を考えてみる」ということは、農業や農産物のもつこのような独特な性質について、その意味を考えてみるということでもある。

農業は、もともと、狩猟や採集をきっかけとして始められてきた。人間は、野生の植物や動物に出会い、それらを食料として、生活を維持し続けてきた。野生植物との長いつきあいがあり、野生動物との長いつきあいがある。長い時間をかけての相互関係を経て、ようやく農業や牧畜が生み出されてきた。

人間が農業を始めること、それは人間が自然の中に埋没している状態からの、自然から離脱を開始する最初の一歩であった。それまで人間は、自然の力にすべてを依存して、自分たちの生命と生活とをかたちづくってきたのである。また、そのことを充分に自覚していたがゆえに、自然を畏敬し、畏怖さえしていた。自然の中に埋没することと、自然から離脱を開始することの間には大きな落差がある。それだからこそ、世界中のさまざまな神話や宗教は、農作物が生み出されることの奇跡は、人間と自然、ないしは人間と神との関係性の中にあったこと、あるいは農作物の成長が、人間と自然との密接な関係性の中に存在していること、を豊かに物語っている。

実際、世界中のさまざまな自然環境の中で、異なる大陸の中から、トウモロコシやシコクビエや米や小麦などの多様な農作物が生み出されてきた。農産物が創出されたのは、ヨーロッパだけでない。アジアや、アメリカや、アフリカにおいても、多様な農作物が生み出され、それぞれの地域環境は農作物にとっての豊かなゆりかごだったのである。生み出された多様な農作物は、それを生み出した自然環境と、常に密接に結びついていた。また、人間の側も、まわりの自然環境をうまく利用することによって、農作物を育てあげる技術の体系を作り上げてきた。こうした時代が、数千年も続いてきたことになる。そして、自然と人間とを結ぶこの関係は、基本的には、現在も存続しているものとわたしは考える。

文化としての農業とは、こうした自然環境と農業技術と人間の社会のしくみが、一体となって作り出してきたものである。さまざまな自然環境のもと、さまざまな農耕の形態があり、農業技術の伝統があり、工夫がある。それは全体として、人間の食料と生命を持続させ、存続するために積み重ねられてきた、技術や工夫であった。生命体としてもっている植物自身にも多様性があるように、それを持続的に継続していくための工夫としての農業技術にも多様性があり、それに対応して社会の編成の仕方も異なっていたのである。かつて、ウィットフォーゲルは水利社会の特色を論じ、和辻哲郎は西洋と東洋の農耕の違いを論じ、梅棹忠夫は西洋と東洋と中洋の世界を比較して論じた。

農業の市場経済化の中で

しかし、つい最近になって、この長年続いてきた農業の文化、牧畜の文化は、大きく様変わりするようになってきた。西ヨーロッパにヒマワリ畑やトウモロコシ畑が続き、ブラジルに大豆畑がひろがり、日本では裏作作物をもたない水田稲作一辺倒になってしまっていた（少なくとも、ここ一〇年の応急的な転作作物の生産を別にすれば、日本の水田は歴史上最も単作化してしまっている）。これらは、いずれも農業の市場経済化がもたらした現象だと、わたしは考えている。

農業の市場経済化は、さらに農産物だけでなく農業生産の過程そのものが、工業製品の生産の過程と同じような形態をとることを要求していった。たとえば、生命あるものは、どれもが少しずつ形が異なっているものである。大きいものもあれば、少し小さいものもある。長いものもあれば、細いものもあり、少しいびつな形のものもある。生命体のもっている多様性が、そうさせるのである。それにもかかわらず、工業製品を生み出してきた経済システムは、農産物にも工業製品と同じ「同一の形態」の商品を供給することを要求する。同一の形態の農産物に合理性を見出し、工業製品のように品質管理し、経済効率をあげていくことを最重要視する。これは、市場経済システムが、工業製品の前提となっている、同じ大きさの、同じ色の、同じ形の商品を供給することに、対応して発達してきた経済システムであるからだ。このため、同じ論理が、農産物を作ることにも要求されてくる。市場経済システムでは、傷一つない、虫喰いのない、同じ大きさの、工業製品のような農産物が求められる。さらに、どのような季節であっても、必要に応じて、需要に見合った形の農作物を生産することが、要求されるのである。

こうした論理を生み出す経済合理性の行き着くところに、いったいわれわれは、どのような社会を作り上げ、どのような食料を食べ、その基盤として、どのような農業を営んでいくことになるのだろうか。現在は、社会そのものの大きな転換点に立っているように思える。

このような問題を、人類の歴史の全体の中で、もう一度根底からよく考え直してみる必要があるだろう。それは、近代文明の中で、特に日本という文明の中で、農業をどのように位置づけ直すか、地域社会はどのように位置づけていくのか。その具体例をよく知るとともに、新しい座標軸を構築していくことにほかならない。

変貌する地域社会と農業

本書では、まず戦後六五年間のわたしたち自身の社会を、振り返ってみることにしよう。この六五年間で、日本は、国全体として農業社会から工業社会へと完全に転換した。戦前には多数派であった農民や農業者は、今ではごくごく少数派になってしまった。同時に、日本の社会の基盤を作り上げていた地域社会そのものも、大きく変貌してしまった。おそらくその原因の第一は、農業から工業への産業構造の転換にあったのだろう。かつて日本の地域社会は、農業によってその基盤が作り上げられていた。しかし、その農業が変貌し、現代では消滅しつつある。

かつて、日本の地域社会の大部分をしめていたのも、農村であった。農村は、さまざまな点で都市と対立しながらも、ある場面では都市と補い合いながら、日本の社会の基盤を作り上げてきた。しかし、今日では農村といえども、名前通りに農業に依存している地域社会ではなくなってしまっている。水田がひろがる美しい農村風景だったとしても、その農村に住む人々の大多数は、農民や農業者でなく、サラリーマンや建設業者や公務員になってきている。

同時に、農村における生活自体も、都市の生活と全く変わりない生活スタイルになってきている。生活のレベルにおいても、経済のレベルにおいても、もはや農村を「農村」として位置づけることは、むずかしくなってきているのだ。このことは、この六五年の間に、都市の生活様式がすべての農村にいきわたった、といってもいいだろう。それを、米山俊直は、「都市列島日本」(『「日本」とはなにか―文明の時間と文化の時間』)と表現している。

また、農村に住む農家や農業者であっても、自分の家の畑や田でとれる農作物だけで、食生活を維持することは、現在ではもはや困難である。スーパーやエー・コープに出向いて、他の地域から運ばれてきた農産物や、外国から輸入した農作物、水産物、畜産物を購入することが、あたりまえとなってしまっている。農家自身も、多様な農作物を少しずつ栽培する、いわゆる自給型農業生産は、ほとんど行なわれなくなっているからである。

農業が経済生活の中心から離脱していったことによって、日本の地域社会そのものの存立基盤が、危うくなってきている。このことは、地域社会に住む多くの人々が、切実に自覚してきていることである。それにもかかわらず、日本の社会は、大きな視点からもう一度地域社会を見直し、農業を位置づけ直す視点を確立することができないでいる。政治においても、経済においても、これからの地域社会と食料供給を、日本全体の未来を見据えて、位置づけることができないでいるのが現状である。

政治学や経済学が、しばしば中央だけを志向し、中央だけから地域社会を見ていることに対して、学問の別の分野からも、何らかの問題提起をする必要があると考える。地域社会に生きるとはどういうことなのか。地域社会が存続していくには、何が必要とされているのか。地域社会と中央政府との関係は、どのようにあるべきなのか。こうしたことを、中央の側からではなく、地域社会の側から考えていこうとする学問の必要があると思う。

それには、いったいどのような学問的な方法が、可能であろうか。わたしは、個別の顔をもった地域社会を、一つ一つ検証していき、そこから全体像を把握する、より帰納的な学問の方法が必要だろうと考えている。それは、政治や経済に関する一般論から出発し、個々の地域社会にあてはめようとする演繹的な方法論とは、一線を画するものになるはずである。

新たな地域社会研究の方法を

個別の地域社会がたどってきた歴史、それぞれ独自の自然環境、そこで育まれてきた生活と社会、そうしたものを重要視する研究方法が、今後はもっと必要とされてくると考える。個別の地域社会といったところで、隣接する地域社会との境界がはっきりしているわけではない。あるいは、個別の地域社会を構成する人々自体も、かつてのように、常に固定的で一カ所で一生を終えるのではない。むしろ最近では、人々はそれぞれの人生の中で、農村から都市へ、都市から都市へ、さらには都市から農村へと、流動を繰り返すものだと考えた方がいいだろう。

地域社会といっても、市町村や県をもこえるような大きな地域社会もあれば、集落を基盤とするような小さな地域社会も存在する。二重三重に重なった地域社会が、想定できる場合すらある。また、一つの地域社会も、かつてのように同じ価値観や、同じ考え方の人々だけで構成されているのでもない。地域社会そのものが、実に多様なものになり、また地域社会の中にも多様な価値観があふれているのである。

かつては地域社会を分析する手法として、農村社会学というものがあり、有効でもあった。しかし、現代の日本では、これまでの農村社会学の方法では、動きゆく地域社会をとらえることが、むずかしくなってきている。農村社会という場合には、生活の基盤として、農業が最も重要な役割をはたしていることが、前提となっていたはずである。同時に、都市社会に対置しうるものとして、農村社会が存在していた。ところが、現在の日本の農村は、そうではない。むしろ、都市や町の地域社会との共通点の方が多くなってきている。こうした移りゆく小さな地域社会を、的確にとらえる方法が必要となってきたのである。かつての農村社会が地域社会へと姿をかえていくならば、それを分析する地域社会研究に適した方法が、新たに生み出されていく必要があるだろう。

大きく姿をかえた小さな地域社会にとって、農業は、どのような意味をもっているのだろうか。それは、六五年前の農業の位置づけとは大きく異なっているのであろうか。また、文化として残されてきた日本の農業の多くは、これからどのように存続していくことが可能であろうか。それを活かしていく道は、ないだろうか。そのような研究が、今後は増えていくだろう。

本書もこのような視点から、日本の小さな地域社会の歴史をたどり、その変動を見据えながら日本の文明の中で位置づけ直してみようと思う。

世界の中の日本、世界の中の農業

地球全体を見わたしてみると、地域社会の存続や農業の存続について、現代の日本と同じように、多くの問題が起きてきていることに気づく。世界中の地域社会や農業もまた、さまざまな理由から危機的条件に直面している。

しかし、日本の地域社会や農業が直面している問題は、工業社会化した社会、すなわち先進国における問題としての特徴を、強くもっている。ヨーロッパの地域社会では、日本と同じような農業の問題と地域社会の問題がある。

これに対して、世界の中で人口の割合が多い発展途上国では、先進国とは異なった要因で、さまざまな問題が生み出されてきている。先進国における地域社会や農業の存続に関する問題関心と同時に、地球全体の農業や食料の問題を考える場合には、特に発展途上国における地域社会と農業の問題を考察しておく必要がでてくる。六五年前のかつての日本もまた、発展途上国のひとつだったと、わたしは思っている。日本の社会は六五年間で、大きく変貌したのである。その中で農業の役割も、変わっていったのだ。

日本の農業が大きく変貌をとげたのは、日本が自由貿易化され、世界の農業と直接結びついていったことが、大きな要因であった。このことは、日本の社会が国内産の農産物を国内で利用することの代わりに、世界のさまざまな国々や地域から、多くの農産物を安く輸入することを意味している。

その結果、今では日本の社会の食生活を支えているのは、外国の農業であり外国の地域社会となってきたのである。その中には、先進国の農業や企業もあるが、発展途上国の農業や地域社会も少なくない。もし、そうであるとするならば、日本の社会のあり方や経済のあり方は、日本の農業や地域社会だけではなく、発展途上国の農業文化や地域社会にも、多くの影響を与えていることになる。

多くの発展途上国では、人々は、自分たちの食べる農作物を、自分たちの手で、すなわち家族経営の農業によって生産し、消費しているのが一般的である。もちろん、それだけではない。自分たちの食べない農産物をも作り、先進国向けに輸出している農業もある。たとえば、コーヒーやカカオ、綿花、ゴムなどの商品作物は、その多くが発展途上国で作られるが、先進国における大量の需要を満たすために原料として輸出されていく。発展途上国では、これら二つの種類の農業、自給用の食料生産の農業と輸出用の換金作物の農業が一体となって、農業と人々の生活とを支えている。しかし、主食用の農業と商品作物用の農業とは、時には競合する場合も少なくない。子供の学資や、病院への支払いや、借金などがかさむと、主食となる食料を生産する畑の面積を減らしても、換金作物を栽培する面積を増やし、その結果食料不足に陥るといった例も少なくない。矛盾をはらみながらも、発展途上国の農業は、そこに住む人々の食料と生活のための基盤として、現在でも最も重要な役割を担っているのである。

現代世界においては、日本の社会の中で日本の農業を見ているだけでは、実は何も見えてこない。自分たちの小さな世界の中での自己満足と、自分たちだけの生存のための欲望が存続するだけである。日本の社会や経済が世界に向けて開かれたことは、たしかに日本の農業のあり方を根底から変えてしまった。そのことは同時に、日本の社会もまた、世界の農業や地域社会に影響を与える側になったことをも意味する。一九六〇年代以降、日本の農業が海外からの農産物の影響によって変形してきたのと同じように、日本の社会もまた、海外の農業や地域社会に影響を与え変形させてきていることも確かなのである。

こうした関係がほんとうに妥当なものかどうか、どの程度海外の農産物に依存し、どの程度国内の農産物によって支えるべきかといったことを、この時代の転換期にしっかりと考えてみる必要があるだろう。それは、世界の国々における関係性の問題、すなわち先進国と発展途上国との関係性の問題に、足を踏み入れて考えることにほかならない。今では、日本の食料や農業の問題は、こうした世界経済の枠組みの中で考えざるをえなくなってきているのである。

日本の中の、文化としての農業や地域社会の問題を考えることは、実は、世界経済の問題を考えることであり、そこではたす日本の役割を位置づけ直すことでもある。さらに、世界のさまざまな小さな地域社会の問題を考え直すことであり、それぞれの社会における食料と文化としての農業の問題を考えることに、つながっていく。

実はわたしは、常に具体的な小さな社会の中で、こうした大きな関係性の問題を考えてきた。わたしにとって発展途上国の問題を考える時に、具体的に教えられてきた場所は、アフリカの小さな地域社会であった。わたしの視点が、日本の農業や地域社会という枠組みの中に、あるいは先進国という枠組みの中に固定されていないのは、こうしたアフリカの地域社会における生活の経験と、人々の考え方に学んだ点が多かったからである。もし、何人かの若い人たちが、こうした日本の農業や地域社会の問題から、さらに踏み込んで、アフリカにおける食料と農業の問題や文化としての農業の役割を学ぼうとした時に、その入り口となる研究の紹介を本書の最後の部分にまとめておいた。日本の社会とアフリカの社会とは、けっしてかけ離れたものではなく、またそこに生きる人間は人間として多くの共通の問題に直面していることを、発見していく手がかりとしてほしいのである。

文化として農業を見るということは、日本文化だけでなく、常に他の文化の中の農業を見て学ぶことである。他の文化というのは、アメリカ文化やヨーロッパ文化だけではなく、アフリカ文化やアジア文化やオセアニア文化や南アメリカ文化、あるいはその中のさらに小さな諸文化も含まれるのだということを、どうか意識していてほしい。できれば、それらの諸文化と日本との関係性も視野に入れることが、日本の文化としての農業を考える際に最も必要なことがらだろうと考えている。

第I部

日本の農業と地域社会の変容

日本の地域社会における人々の生活と生業に関する研究は、日本農村社会学と日本民俗学の研究が中心になって行なってきたと、わたしは考えている。日本農村社会学では、有賀喜左衛門《あるがきざえもん》と鈴木《すずき》栄太《えいた》郎《ろう》が、その最初の一ページを切り開いた。鈴木は、アメリカ流の農村社会学を日本に導入することに力を注いだが、日本社会の現実に即して、自然村という概念をつくりだした。自然村の概念は、アメリカでは欠落していたが、世界的に通用する概念であろう。現在でも一三万も存在する日本の農業集落は、この自然村の概念とほぼ一致している。

有賀喜左衛門は、日本農村における地域社会のモノグラフ的研究で、独自の世界を切り開いた。労働力をめぐる日本の「村」と「家」に関する研究群は、世界的に見ても冠たる研究である。また、有賀の研究は、ヨーロッパ社会の人類学的研究やモースの贈与論とも通じ合う、優れた研究である。わたし自身は、有賀の石神村の「ゆい」のモノグラフ的研究に、強い影響を受けてきた。

日本民俗学では、もちろん柳田国男の研究がすべてのベースにあるが、わたし自身は宮本常一の仕事を、特に身近に感じていた。直接お話しする機会があったことも影響しているのだろうが、宮本の文章は、農業だけではなく、漁業をはじめとするさまざまな生業と人々の生活を描いており、さらに、現在では研究の対象となっている開発や観光のことを、当初から中心的な課題にしていたからである。

第Ⅰ部では、日本の地域社会をめぐり、農村社会学や日本民俗学の研究と隣接する領域の論考を集めている。文化としての農業を考える場合には、これらの隣接分野との研究の融合が欠かせない。また、地域社会の研究は、現在では単に農村だけでなく、地方の都市や町をも含みこんで考える必要があるだろう。

第1章　日本のムラにおける環境認識の変遷

石徹白《いとしろ》

岐阜から汽車で三時間半、長良川に沿って北上する。途中、盆踊りで知られた郡上八幡を通る。越美南線の終点が白鳥という小さな町である。ここからバスに乗りかえる。バスは日に二便しかない。長良川をさらにさかのぼり、やがて本流と別れ、支流の谷をつめる。つづら折りになった急坂を、バスはぐんぐん高度を上げていく。峠までたどりつくと、ふもとにはなかった残雪が腰まである。四月のことである。海抜九六〇メートル、檜峠という。ここが村境だ。

峠をこえると川の向きが逆になる。小さな清流に沿ってだらだらした坂道をくだる。突然、山がぽっかりとひらけて、小さな盆地にでる。盆地全体がゆるやかな丘陵状になっている。そのまん中を用水が流れ、用水の両側には段々になった田んぼがならぶ。丘陵の南側の斜面には、人家がかたまって集落をなしている。戸数一六〇のこの集落を石徹白《いとしろ》という。石徹白はムラである。

ムラとムラ空間

日本のムラには二種類のムラがある。ひとつは行政上のムラであり、もうひとつはムラビト自身が「私のムラでは」といいだす場合に想定されているムラである。

行政上のムラは、明治期になって幕藩体制下の旧村を合併することによってつくられたものである。その後も町村合併をくりかえし、たとえば昭和二八年（一九五三）には全国に七、六四〇もあった行政村は、昭和五一年（一九七六）には六三五に、平成の大合併により平成二〇年（二〇〇八）には一九三にまで減ってしまっている。

いっぽう、ムラビト自身が認識しているムラはかつての旧村、現在の行政部落とほぼ一致する。一九七〇年の農林業センサスによると、全国に一四万三、〇〇〇の農業集落が数えられているが、このうちの九〇％にあたる一二万八、〇〇〇集落は、江戸時代からすでにムラとして機能していたことが確認されている。石徹白が属している白鳥町（注1）にも、二二の農業集落があり、人々はふつうこれをムラとよんでいる。二二の農業集落は、幕藩期の二二の旧村がそのまま続いているものである。

これらのムラはそれぞれ、現在でもたいへんはっきりしたムラの領域をもっている。ムラの領域がはっきりしているのは、幕藩期、ムラごとに石高が算定され、ムラが貢租の義務をともなった徴税単位であったことにもよるだろう。しかし、ムラビトがムラの領域内を、独立した世界として外界から遮断された空間としてとらえていたことも事実である。たとえば石徹白のムラビトは、隣接するムラに悪病や病害虫がはやった時、村境の檜峠まで出かけて、そこで道切りを行ない、病害や虫害がムラに侵入しないように祈願した。道切りの慣行は、道さえ封じておけばムラを外界から遮断されうるものだというムラビトの意識を反映したものである。

ムラは独自の領域をもっていただけではなく、その村域の管理や保全にもたいへんな努力がはらわれてきた。現在でも、ムラビト総出で行なわれている道普請や用水の管理は、ムラの領域保全機能のひとつである。

都市の環境保全や環境認識が、どちらかといえば「住みやすさ」といったひとつの機能を中心としてとらえられているのにたいし、ムラの環境保全や環境認識は、ムラをひとつの独立した世界、完結した空間として空間全体の総合的な機能をとらえているという違いがある。したがってムラビトの環境の認識の仕方では、「住」とならんで「生産」という要素も重視されることになる。

外界と遮断されたムラ空間の中で、「住みよさ」と「生産量の増加」を目的としながら、どのように土地を分類し利用してきたのか、生業の移りかわりを背景にして探ってみようと思う。

ムラの土地の分類

石徹白の人々はムラの中を大きくヤマ（山）とザイショ（在所）に区分している。ヤマはさらに、マワリヤマもしくはチカヤマ（近山）とトオヤマ（遠山）とに分けられる。マワリヤマは場合によって、オトナヤマ、カブヤマとよばれることがある。その場合には、トオヤマはゴンゲンヤマとよばれる。マワリヤマにたいしてトオヤマが、オトナヤマ、カブヤマにたいしてはゴンゲンヤマが対立した名称となっているのである。まず最初にマワリヤマ、トオヤマ、ザイショという三つの区分が何に由来するものか、あきらかにしておく必要がある。

どこからがヤマでどこまではザイショであるかは、ムラビトでなくともはっきりと識別することができる。しかもそれは、ムラビトのいう区分と一致する。集落を中心として夕、ハタが同心円状にひろがっていき、やがて地面の傾斜は急になる。傾斜が急になったあたりから夕、ハタは消え、雑木林にかわる。ザイショとヤマとの境界線はここである。つまりザイショとヤマとを区別するものは、ヤシキから連続的にひろがった永久化された耕地の枠内にあるかないかによる。

ザイショのハタ、ヤマのハタ

ザイショにもヤマにもハタがひらかれた。ザイショのハタはムグリバタもしくはカイツバタとよばれる。ヤマのハタはヤマバタと総称された。ヤシキの側には、キンジョマワリという小さな野菜畑がある。ここにはダイコン、キュウリ、カボチャなど毎日のおかずに使う野菜が栽培されている。ヤシキ近くの比較的大きなハタはカイツバタとよばれ、ザイショの耕地の大部分をしめた。カイツバタでは、ヒエ、アワ、キビが植えられた。ムグリバタとよばれるのは、ザイショとヤマとの境界近くに新しく開墾されたハタである。ここでもカイツバタ同様、ヒエ、アワ類が植えられた。

いっぽうヤマバタは原則として耕起されない。山の斜面を伐採し、焼き払った後、耕起されることなく播種される。いわゆる焼畑耕作である。数年間、同じ場所で栽培をつづけていると地力が低下するので、その度ごとに新しいヤマバタをひらいては移動しなければならない。ヤマバタではヒエ、アワ、アズキの類が植えられた。ヤマバタの中でも、例外的に耕起される畑があった。

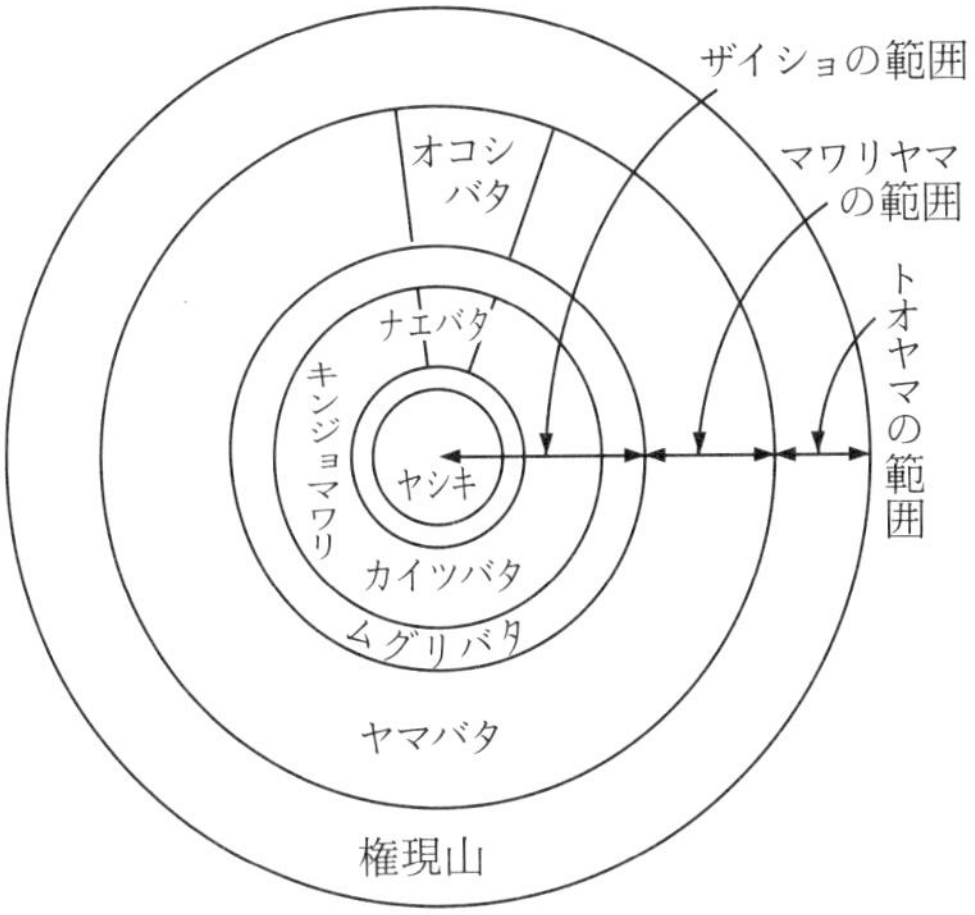

図Ⅰ－１　石徹白の土地利用の模式図（ヤマバタ時代）

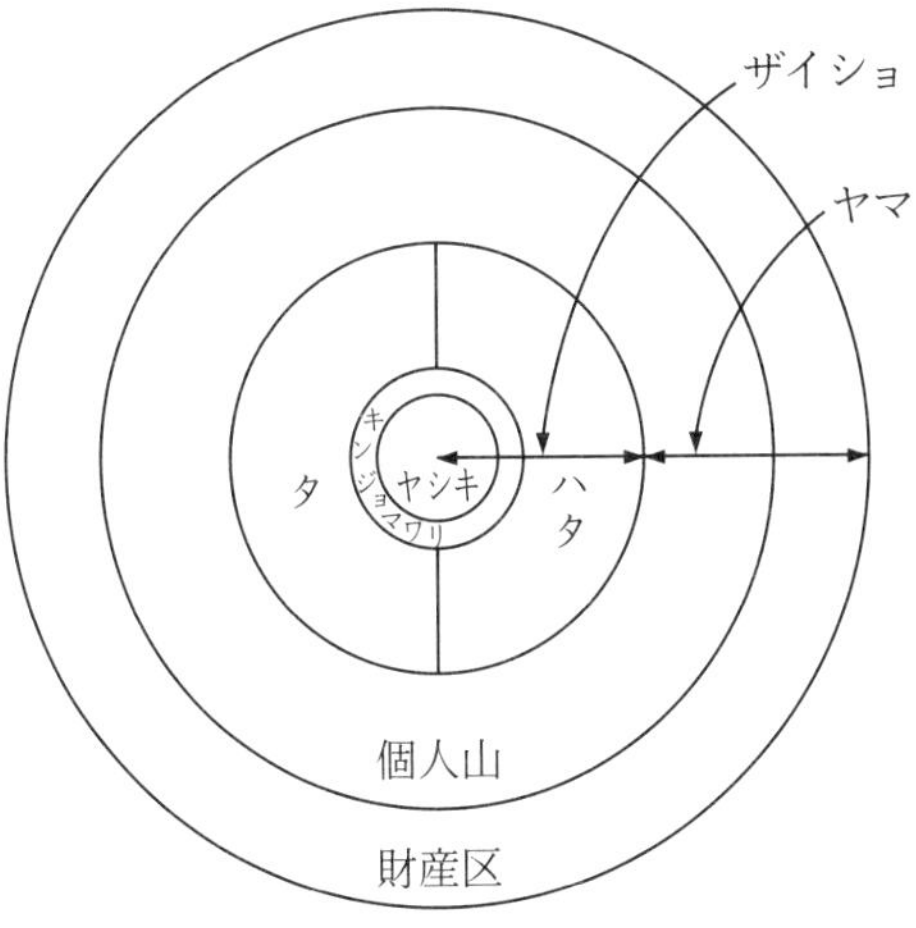

図Ⅰ－２　石徹白の土地利用の模式図（現在）

オコシバタとよばれ、規模も役割もザイショのキンジョマワリに匹敵する。ヤマに泊まって仕事をする時に、オコシバタはジャガイモ、ウリといった食糧を提供した。ヤマバタ、オコシバタ、キンジョマワリ、カイツバタ、ムグリバタという土地利用を模式図にしてみると図Ｉ－１・図Ｉ－２、のようになる。

マワリヤマとトオヤマ

ザイショとヤマとでは、見ただけでもはっきりした違いがある。ところがマワリヤマとトオヤマとでは、見ただけではまったく区別がつかない。それにもかかわらず石徹白の人々はマワリヤマとトオヤマをはっきりと区別して、しかもそこに大きな価値の違いを見出していた。このことはムラの人たちと話をしていて特に強く印象づけられたことである。

とりあえず、個々の山がマワリヤマに属するかトオヤマに属するか分けてみると図Ｉ－３のようになった。

マワリヤマはザイショのまわりをぐるりと囲んでいる一、二〇〇メートルをこえない程度の、低い山々である。いっぽうトオヤマは、ザイショを中心とすると、マワリヤマの外側に位置し、高度も一、二〇〇メートルをこえるものがおおい。そのためトオヤマでは、マワリヤマに比べ霜のおりはじめる時期が早く、また遅くまで溶けない。高度が高いことはヤマバタにはあまり適していないことになる。しかしトオヤマにヤマバタをつくるのが敬遠される理由は、何よりもザイショからの距離の遠さによる。ムラの人たちによるとヤマバタをひらくかどうかを決める基準には次の四つがあった。

（1）マワリヤマかトオヤマか。

（2）ヒウモかオンヂか。

（3）土地が湿って肥えているコエチか、ヤセチか。

（4）斜面の勾配が緩いタナか、どうか。

図Ｉ－3　トオヤマ、マワリヤマ、ザイショの範囲

番号はそれぞれの条件間の優先順位を示してある。ヒウモというのは、南向きの斜面で一日の日照時間が相対的に長い。オンヂというのは北向きの斜面で、一日の日照時間は短くなる。日照時間の長短は焼畑作物の生育に強く影響する。そのため石徹白の人々はムラ中のヤマをヒウモかオンヂかに分けている。しかしヒウモ、オンヂの区分よりも、マワリヤマ、トオヤマの区分の方が優先されるのである。

一致する。

マワリヤマの機能

ムラビトの話を総合すると、朝からでかけて昼までに戻れる範囲の山々が、ほぼマワリヤマと

マワリヤマではヤマバタがひらかれ、主食となっていたヒエ、アワを供給していただけではなく、直接生活に必要な道具の材料、毎日のおかずとなる山菜、たき木、建材等も供給していた。表1（二六ページ）は、マワリヤマから得られた植物の利用法を過去と現在において比較したものである。この表から、日常生活に必要な品物の大部分がマワリヤマから獲得されていたことがわかる。と同時に、ムラビトがマワリヤマに生育している植物の性質について豊かな知識をもち、それにしたがってたいへん微妙なところで材料の取捨選択を行なっていることに驚かされる。

たとえば同じ柄でも、クワの柄にはミズナラが用いられ、金属や石のツチの柄にはグミが用いられている。飯櫃にはハンサが適しており、カサの握りにはマーシャが用いられる。ネソというのは植物のツルでできた一種の紐である。手橇の留め紐や肩縄にはもっぱらフジが、台風に備えて屋根を括りつけておくにはブドウヅルが使われる、といったぐあいである。

マワリヤマの喪失

表1には含まれていないが、屋根を葺くためのカヤのカヤ場として、田圃の肥料となる草の草刈り場として、あるいは自家用の薪炭材の供給地として、マワリヤマは大きな意味をもっていた。石徹白だけでなく、日本のおおくの山村は、こうした機能をもつ山々を保有しており、そうした山々とムラビトの生活の間には深い結びつきがあった。ムラビトの出入りがはげしい、生活と深い結びつきがある山々は、一般に里山《さとやま》と総称されている。

ところが、こうした里山は、昭和三〇年代半ばから急速に意味を失いだす。カヤ葺きの屋根はトタンにかわり、堆肥は化学肥料になり、薪炭は石油にかわった。特に石油への燃料革命を契機として、下草が刈られなくなると、ムラビトが里山へ入る機会は激減した。石徹白ではヤマバタの放棄がそれに輪をかけた。ムラビトの足が遠のくにつれ、マワリヤマの世界はザイショとヤマとの中間的な世界としての意味を失ってきた。それは、たとえば地名の変化にも見られる。

地名と環境認識

石徹白の地名をひろっていくと、その数のおおさに驚かされる。戸数一六〇のムラに、二二七の地名が採集できた。もう少し丁寧に数おおくのムラビトにあたってみれば、この数字はもっと大きくなっただろう。

こうして集まった地名を見てみると、大部分の地名が地形に基づいてできていることがわかる（図I－4）。ホソホラ、ヒガシウワノ、ウワダイラといったぐあいである。それぞれホラ、ノ、

表1　マワリヤマにおける野生植物の利用法

1	2	3	4	5	6	7	8
イヌマヨミ	○			ヨゴミ	○	○	
ツツジ	○			オバコ	○		
ビョウブ		○		ハコベラ	○		
アオモミ			ネソ	ドコドコ	○		
アオダコ			ネソ	サエキ			
テツツ	○	○		ウド	○	○	
イバラ			下剤	アサヅキ	○	○	
ウリジナ	○		皮をミノ	タニフサギ	○	○	
シナ	○		深靴をあむ	オオレン			胃の薬
ウツギ	○			セリ	○	○	
ヤマゴウシ	○	○		テンモンヅ	○		
ムシカレイ	○		ネソ	フキ	○	○	
イヌザンショ	○			エゴナ			便所にまく
サンショ	○	○		カラムシ			アサにする
アオキ	○			アマナ	○	○	
ハレハレ	○		ネソ	ヨメナ	○	○	
カンバ(シラカンバ)	○			スイスイグサ	○	○	
ブナ	○			ウマノママメ			胃の薬
トチ	○		建材	ヤマホウヅキ			薬
ナラ	○			ナヅナ	○	○	
ミズナラ	○		クワの柄	スズメノチャノコ	○		
ハンサ	○		建材，飯櫃	タニオロウ	○		
タケカンバ	○		建材	ゴクマ			庭の木
カソウシメ	○		オノの柄	ゼンマイ	○	○	
ウスウス	○	○		クグイ			
サルスベリ	○			タデ	○	○	
ヤマサシ	○	○		アマビュウ	○		
カタナシ		○		ハゼ	○	○	
ウノキ	○			センキュウ			尿の薬
タラ	○	○		ダイハチ			腹・腰の薬
アマセドメ	○		サカキ	ニガクサ			乳がよくでる
ヤナギ	○		かわら屋根	オトギグサ			薬
フジ			手槌の紐	シビトノマクラ			薬
マーシャ	○		カサの握り	トンゴウ	○	○	
コツラ		○		トウキチロウ	○	○	
コクボ	○	○		ニンド			薬
ブドウ		○	皮をミノにする	チドメグサ			止血剤
エビ			ネソ•自在カギの紐	ドクダミ			薬
グミ		○	ツチの柄	カヤ			屋根
ブドウヅル			屋根をくくる	ジュンサイ	○	○	

1．キの方名
2．タキギとして利用したか
3．葉もしくは実を食べたか
4．その他の利用法
5．クサの方名
6．かつて食用に用いたか
7．現在でも食用に用いているか
8．その他の利用法

タイラといった地形をあらわしている。二二七の地名のうち地形をあらわしているものが一七三（七七％）もある。ホラ、ヤマ、サワといった地形をあらわす接尾辞は二三種類に及ぶ（表２）。人間が関係した場所をあらわす何々ヅクリといったものが六種類三七（一八％）ある。その他は、クチ、ムカイといった方向を示したもので、これは一一（五％）にすぎない。地形の中でも、カワ、タニ、ホラといった川に沿った地名はたいへんおおい。一本の細い谷でも、タニやサワには必ず名前がつけられていて、その谷をはさんで両側の山の地名がかわる。したがってヤマのつく地名が最もおおくなっている。地名の大部分は、地形とその形態や方向を組み合わせたものであるが、個人名のつく地名もある。キュウスケヅクリ、セイエモンヅクリ、マタザバタなどである。ヤマバタが盛んなころ、セイエモンやマタザがヤマバタをひらいた所が地名となって残ったものである。老人たちはこうした地名を覚えていて、話の途中によくでてくるが、これらの地名はもう若者たちには共有されていない。人間が関係した場所をあらわす地名は、ほとんどがマワリヤマにあるが、セイエモンヅクリやマタザバタと同じように忘れられつつある。とき

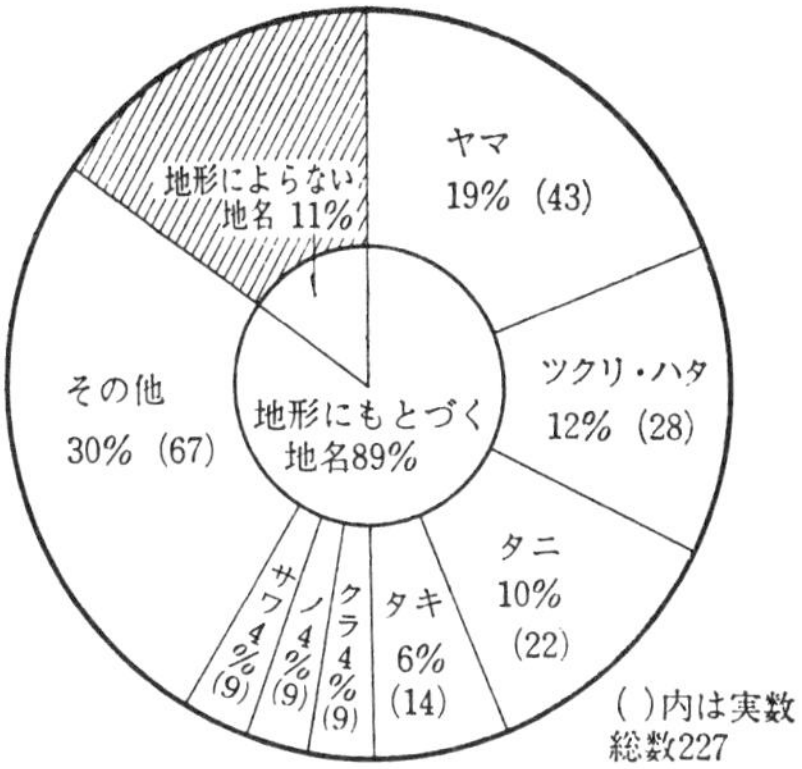

図１－４　石徹白の地名のうち、地形をあらわす各接尾辞の割合

表2　石徹白の地名のうち、地形をあらわす接尾辞群

ヤマ・タニ・ヅクリ・ハタ・クラノ・サワ・ホラ・シマ・カワ・バオオギ・タイラ・ヂ・カイヅ・セハラ・セト・ナギ・コナシ・オイワケ・タケ・ハラ・カワラ・シミズ・ハバ・ミチ・ダン・ヒラ・オイワ・オチアイ・カワ・ショ

おりヤマバタをひらいた本人が現存していることがある。キュウエモンヅクリをひらいたキュウエモンさんは、かって自分のヤマバタがどれほど作物に適していたかを語ってくれたが、今そこがどうなっているかは知らなかった。

地名や山の分類基準はどんどんかわる。必要な分類がとり入れられ、不必要な分類は消え去っていく。分類の基準がかわるにしたがって地名も変遷する。ヤマバタ時代の何々ヅクリはほとんど意味をもたなくなった。いずれはオンヂ、ヒウモという分類や、コエチ、ヤセチという分類も消えていくかもしれない。ヤマの地名はますます少なくなる傾向にある。

トオヤマの自然林はほとんど伐採され、今新たに造林計画がたてられている。造林や伐採に従事する山林労務者は、石徹白のムラビトのすべてがなるのではない。ごく少数の人たちである。それらの人々も、画一的な仕事に従事するのであって、かってヤマバタをつくる過程でしぜんと身につけていった土壌や野生植物にたいする知識の獲得は期待できない。造林や伐採に従事しない大多数のムラビトは、もはやほとんどヤマに入ることなく、ザイショの中だけで生活している。かっての豊かな知識にねざした細かな分類は消えてなくなって、ある二〇代のムラビトが語ったように、トオヤマとマワリヤマという区分なんか必要ではない、ヤマはヤマでいいのだという時代になりつつある。

注

（1）白鳥町は、現在、岐阜県郡上市白鳥町となっている。

第2章

村の祭りとその変貌

はじめに

日本の農業は、戦後五〇年の間に大きく変貌した。農業を担ってきた農村社会もまた、大きく変貌してきている。かつて、日本の農村は、生活と生産が共存する場として存続してきた。村人にとって、村は日常生活をおくる場であるとともに、毎日の生活の糧を得る農業生産に従事する場でもあった。農業をめぐる、すなわち土地や用水や農業労働をめぐる社会組織が、村の中心的な社会編成の組織として機能していた。また、農業生産における豊饒を目的としたさまざまな年中行事や祭礼が営まれ、それらが村の生活のリズムを組み立てていた。農業生産の豊かさこそは、農村に生きる人々の共通の願いだったのである。

しかし、これまで自明の理とされてきた農業生産と農村生活の結びつきも、戦後五〇年間における農業の変化にともなって、現在では両者が一致しなくなりつつある。農村は必ずしも農業従事者が主として居住している場所ではなくなってきており、また農業は必ずしも農村の中心的な産業ではなくなってきている。具体的に数字をたどってみよう。たとえば、今から約一〇〇年前の一八九〇年には、わが国の農林業従事者数は、一、五六三万人で、全有業者人口の六八％をしめていたが、一〇〇年後の一九八九年には、農業における経済活動人口は、四二一万人で、全経済活動人口の六・八％をしめているにすぎない。農林業従事者の割合は、十分の一に減ったことになる。この傾向は、農村集落における農家の割合についてもあてはまる。一九九〇年における全国の農業集落数は約一四万集落であるが、一農業集落あたりの平均戸数が一七二戸あるのに対し、一集落あたりの平均農家戸数は二七・五戸にすぎない。農家は農業集落においてすら、わずか一六％をしめているにすぎなくなっている。農村と農家、農家と農業従事者との間にズレが生じてきたことによって、これまで農村の中で当然のこととして共有されてきた価値観や生活のリズム、行事といったものが、必ずしも農村全体に共有されなくなってきている。ここでは、こうした変貌しつつある農村社会の中で、農業に基づいて作り上げられてきた伝統行事や祭りがどのように変化しているのか、またそうした変化から、村人たちが農村を見る目はどのように変化してきているのかを考察することにする。

村の行事と農耕儀礼

日本の農村の日常生活は、かつては数々の村の行事によって彩られていた。村祭りもまた、単独で存在したものではなく、こうした村の年中行事のひとつとして存続してきたのである。一年の中にどれほどの祭りと年中行事があったのか、具体的に取り上げてみることにしよう。例とするのは、富山県射水郡下村である。

下村は、面積五・一平方キロ、人口一、九六二人、富山県で面積では小さい方から二番目、人口では少ない方から六番目の小村（注1）である。地理的には、富山県のほぼ中央部、射水平野の東に位置している。東は呉羽丘陵をはさんで富山市に、北は新湊市をへだてて日本海に面している平場農村である。人口のうちの六九％、一、三五四人を農家人口がしめており、農家戸数は二六八戸であるが、そのうち専業農家は三戸、第一種兼業農家は一七戸にすぎず、第二種兼業農家が農家の大多数の二四八戸をしめている。

下村は、中世の荘園制の時代から続いてきた農村である。中世においては、下村とその近辺は倉垣荘とよばれていた。下村の中心には、加茂神社という古い歴史をもつ神社が鎮座しており、下村の村祭りや年中行事の多くはこの加茂神社を中心として営まれてきたものである。加茂神社に関しては、すでに一四世紀には、倉垣荘の総社としての役割をはたしていたとする文書が残されている。

それでは、下村で行なわれてきた祭りと年中行事の一覧表（表3）を見てみることにしよう。

下村で行なわれている、あるいは行なわれていた年中行事を見てみると、まず第一に農耕儀礼の多さに気がつく。「田打ち正月」から始まって、「左義長」、「サッキ」、「鳥追い」、「春祭り」、「御田植え祭り」、「虫送り」と続く年中行事はいずれも、農作物の豊穣祈願や、田の豊作を占う予祝行事や、鳥害、虫害からの防除祈願である。収穫祭である「秋祭り」や、本来的には豊年祈

表３　下村における祭りと年中行事の変化

行　事	月　日	行　事　の　内　容	行事の種類	行事の変化
正月	１月１日	村人の多くが神社に参拝。特に加茂神社では５歳の子供、25歳、42歳の厄年の男性、および還暦や喜寿の者は、献酒する。また、神前に各地区から塩ブリが供えられ、神事の後、ブリと鏡餅は切り分けられ、一緒に氏子の家に配られる。	新年祭	存続
	１月３日	廻礼。かつては村うちどうしで、互いに挨拶まわりをした。		消滅
田打ち正月	１月11日	田打ち正月。かつては家の主人が裃をつけ、苗代の水口に出て、正月の飾りを田に刺し、鍬を打ち込んで初田打ちを行なった。	農耕儀礼	消滅
左義長	１月14日	左義長。子供たちが藁を集め、田んぼの中や神社の境内で円錐形の骨組みを作り、藁を取りつけ、火をつけて燃やす。竹の倒れる方角で、豊作かどうかを占った。	予祝行事	存続
サツキ	１月15日	サツキもしくは小正月。かつては、小豆粥を作り、鍋を田に見立て、団子を稲株、大根菜を苗、粥を田の土になぞらえ、豊作を祈った。	予祝行事	消滅
鳥追い	１月15日	鳥追いの儀礼。かつては、子供たちが「ほわい、ほわい」と叫んで田圃をまわった。現在では、宮委員が参籠し、翌朝板木をたたいて境内をひとまわりする儀式が続いている。同日、五穀豊穣祭が行なわれる。	農耕儀礼	変形存続
火祭り	２月１日	火祭り、鎮火祭。加茂神社でお払いがされ、各家々では、神棚に酒と赤飯を供え、囲炉裏に酒を注いできよめた。かつては、獅子舞いが催された。		変形存続
初午	２月午日	初午。かつては団子を作って食べた。		消滅
節分	２月３日	節分。真宗以外の家では、仏壇に灯明をあげ、豆を供え、豆をまいた。真言宗の寺では豆まき行事を行なっている。		存続
涅槃会	２月15日	各寺院で法会の後、五色の涅槃団子が配られる。	仏教行事	存続
ひな祭り	３月３日	ひな祭り。		戦後一般化
スポーツ大会	３月10日	ビーチバレーボール大会	新しい行事	
庚申祭	３月21日	彼岸の中日前夜、村の庚申さまの石像の前で儀式を行なう。現在は、子供たちが行灯に絵を描いて奉納している。		変形存続
種まき盆	４月17日	苗代の種まきが終了すると、仕事を休み、餅を作って食べた。	農耕休日	消滅
春祭り	５月４日	加茂神社の春季例祭。走馬（そうめ）の儀、牛乗り式（牛つぶし）、矢鎬馬式（やんさんま）等の儀式が行なわれる。牛乗り式では、牛乗りが甲冑に袴をつけて牛の上に乗り、田の神に五穀豊穣を祈って、青竹の弓で矢を射る。その後、若者たちが牛の角をもって押し倒し、牛が座ることができると、農耕の神が居着くことになるとする。やんさんまは、やぶさめのなまったもので、拝殿の前の参道を、馬に乗って疾走し、馬上から弓で的を射る。射られた的は、豊作をもたらすものとして氏子に分けられる。	農耕儀礼	存続

節句	5月5日	端午の節句。		
御田植え祭り	6月初卯	加茂神社の境内の一角を区切って儀式用の神田をつくり、苗を並べて田植えのしぐさをする。草で人形をつくり、豊作を祈願する。	農耕儀礼	戦後一般化 存続
やすんごと	6月初旬	田植えの済んだ後の、仕事休みの日であった。餅を作り、かつては行灯をかついで田の道をまわった。現在では、温泉への一泊旅行。	農耕休日	変形存続
あるこう会	6月下旬	村主催の健康のための行事。	新しい行事	
虫送り	7月上旬	午前中に太鼓をたたいて田圃をまわり、午後から田圃の周囲に御弊を立てる。虫送りの神事が続けられている。	農耕儀礼	変形存続
七夕祭り	7月7日	昭和30年代以降に広まった。		
地蔵盆	7月23日	オゾハン盆とよばれ、子供たちによる行事である。盆の前日になると石地蔵を洗い清め、行灯に絵を描き、家々から供物を集めてくる。	仏教行事	戦後一般化 存続
八朔	8月1日	秋の豊作を祈願し、仕事を休んだ。	農耕休日	消滅
料理教室	8月11日	母と子の料理教室。	新しい行事	
お盆	8月14日	8月13日はオショウライとよび、かつては麦わらに火をつけて川の橋のたもとで先祖の精霊を迎えた。14日、15日は墓参りを行なう。16日は、精霊送りの日である。 盆踊りは、各地区の寺で行なわれている。	仏教行事	存続
商工祭り	8月17日	昭和50年代から始まった新しい祭り。	新しい行事	
バス教室	8月21日	ふれあいバス教室。県内の科学文化センターや博物館への日帰り旅行。	新しい行事	
スポーツ大会	8月25日	ビーチバレーボール大会。	新しい行事	
スポーツ大会	8月30日	ソフトボール大会。	新しい行事	
風の盆	9月1日	豊作を祈願して、仕事休みが行なわれた。	農耕休日	消滅
秋祭り	9月3日、4日、5日	加茂神社で、稚児の練行、稚児舞が演じられる。稚児舞は京都の下加茂神社から伝来したもので、地元ではカットンドとよばれる。稚児は村の小学生4人。2日間にわたって、9曲の舞が舞われる。国指定重要民俗文化財。	農耕儀礼 (収穫祭)	存続
村民運動会	9月27日	村民運動会。新しく始まった村全体の行事。	新しい行事	
神迎え	10月30日	神社では、村人が集まり神酒でお迎えをする。	農耕儀礼	存続
刈り上げ	10月下旬	稲刈りが終了すると、団子や餅を作り、手伝いに来てくれた人々をよび、肩休めを行なった。	農耕休日	消滅
農業祭	11月17日	農協主催の農業祭。なわとび大会も行わなれる。	新しい行事	
お七夜	11月28日	親鸞の命日で、浄土真宗の寺院では法要を行なう。	仏教行事	存続
針センボ	12月8日	女性の針供養の日。この日は女性の休日であり、餡入りの餅を近所、親戚に配った。現在では嫁の実家から餅が届き、配るだけになった。	女性休日	変形存続

願の意味をもつ「初午」、秋の豊作を期待し台風を警戒する「八朔」や「風の盆」の行事まで加えると、表にあげた二五の伝統的な年中行事のうち、一六までもが農耕儀礼であったことがわかる。

第二に気づくのは、同じ農耕儀礼の中でも、「種まき盆」、「やすんごと」、「八朔」、「風の盆」、「刈り上げ」など、農作業の節目、節目に農民のための休日が設けられていたことである。「種まき盆」は苗代の種まきの後の、「やすんごと」は田植えの後の、「八朔」や「風の盆」は風祭りの日であるとともに田の草や稗取りの後の、「刈り上げ」は収穫の後の休日であった。このような時には、村人たちは単に休日として骨休みをするだけでなく、いわば共通のレジャーの日として、村人がうちそろって弁当をもって山遊びや花見に出かけたり、温泉に出かけるという風習があった。

第三に、こうした農耕儀礼や農作業に関連した年中行事にはさみ込まれるようにして、仏教独自の行事や「庚申信仰」、「地蔵盆」などが行なわれていることである。曹洞宗や真言宗や浄土宗の寺では「涅槃会」が、浄土真宗の寺では「報恩講」や「お七夜」が行なわれているが、これらはむしろ寺院、宗派ごとに講が組織されて行なわれているものであり、集落全体を包み込んだ神社の祭りや農耕儀礼とは異なる。

このように見てくると、農村の年中行事がいかに農産物の増大を願う生産儀礼と深く関わりあっているのか、また、農業生産のリズムが村落生活のリズムといかに一致しているか、さらに村落共同体としての共同作業や共同の行動が、農業労働だけでなく休日やレジャーにいたるまでの、農村生活全体をいかに支配していたかがよくわかる。

また、これはなにも、下村の例に特異的に見られたことではないだろう。日本中の農村で、多かれ少なかれ、年中行事と農作業は分かちがたく結びついており、こうした年中行事は有史以来営々と続けられてきたのである。

村祭りの変貌

村祭りや年中行事には、豊年満作という農民に共通の願いが込められていた。豊年満作を願わないような農民は存在しなかっただろうし、農民の願いは同時に村人たち全員の願いでもあった。

また、科学技術が発達していなかった時代においては、農業生産の良し悪しを決定するのは、天候や風水害や虫害などであり、これらは人間の側ではなく、自然もしくは自然を支配する超自然的存在（人間の力をこえた存在）の側にあった。したがって、自然に対して働きかけるさまざまな農業技術と同様に、超自然的存在に対して働きかけ、人間にとって都合のよいような状態、すなわち豊作をもたらすための技術として、さまざまな農耕儀礼が開発され、必要不可欠のものとなっていたのは当然のことである。

戦後日本の時代の変化は、こうして積み重ねられてきた「農耕儀礼」の体系を、「農耕技術」の側から大きく変革することになる。品種の改良、化学肥料と農薬の投与は、天候の異変に強い品種を作り上げ、農薬は病気や虫害を激減させた。もちろん、このことが今日における農薬による複合汚染を引き起こす原因ともなってくるのだが、農薬の多量投与が、さしあたって病虫害を未然にくいとめたことは事実である。農薬という科学技術は、自然をコントロールする力を人間の領域に組み入れることに成功した。その結果、「虫送り」(害虫予防の儀礼)や「熱送り」(稲熱病予防の儀礼)といった病虫害を防ぐための農耕儀礼の、実質的な意味はなくなってしまう。実際、単位面積当たりの米の収穫量は、科学技術の導入とともに増加し続けることになる。一九四〇年代に一〇アールあたり三〇〇キログラム前後であった収量は、一九六〇年代に入ると四〇〇キログラムに、一九八〇年代後半には五〇〇キログラムをこえるようになる。収穫量の増加は、自然のきまぐれや、あるいは自然そのものの別名でもあった日本的「神」の意志に依存するのではなく、化学肥料や農薬をはじめとする一連の科学技術の発展によってもたらされたことは、誰の目にもあきらかだった。

そのいっぽうで、米の生産量の増加そのものが、必ずしも絶対的な善だとは言えなくなってきた。米の豊作こそは、日本における稲作が始まって以来、常に農民の願いであり、そこに疑問をはさむ余地はなかったはずだ。ところが一九六七年以降、米の生産過剰状態が起こり、それにともなって一九六九年から生産調整が行なわれはじめてくると、米の豊作がこれまでのように無条件で良いことなのかどうか、農民自身の間にさえ疑問が生まれてきた。米以外の農作物では、市場経済の原理がより直接的に反映されていたから、豊作が必ずしも農家の経済的繁栄に結びつかないことはすでに知られていたが、米の生産調整は、豊作願望という日本の農民が依然としてもっていた「生産の神話」を、根底から覆すことになった。

さて、表において最右欄は、祭りや年中行事が現在まで存続しているかどうかを調べたものである。行事そのものが大幅な変化をせずに存続しているものを「存続」と記し、消えてしまったものを「消滅」、大幅な変更をともないながらも存続しているものは「変形存続」と記した。

この表3を見ると、消滅してしまったものと変更したものの多くが、農耕儀礼に関連する年中行事であることがわかる。「田打ち正月」、「種まき盆」、「やすんごと」、「風の盆」といった行事は消滅している。「サツキ」は豊年祈願の予祝行事としての性格はなくなり、都市と同じように単に小豆粥を食べるだけの日となっている。「鳥追い」は、現在でも続いており、村の宮委員たちが神社に一晩参籠し、翌朝「鳥追い」の儀礼が行なわれている。「虫送り」の行事も、存続している。現在でも村の領域の田圃には御幣が立てられ、太鼓を打ちながら「虫送り」をしているが、太鼓打ちと、御幣立ての行事は分離して行なわれ、しかも太鼓は軽トラックに乗せられて移動するようになった。「御田植え祭り」もまた、昔とほとんど変わらない形で現在まで存続している農耕儀礼である。ただし、出席者の人数は大幅に減った。

いっぽう、収穫祭である「秋祭り」は現在でも存続し、「稚児の練行」と「稚児舞」が演じられている。これは、農耕儀礼としてよりも、「稚児舞」という伝統行事そのものに華やかさがあり、人々を集める魅力があったためだと思われる。こうした祭りでは、氏子地域をこえて広範な地域から人々が集まり、祭りとして存続している。

農耕に関連する行事の役割も変化した。かつての農村社会は、共同して農耕儀礼を行なうと同時に、共同して農業労働を行ない、土地や用水路の管理を行なってきた。「道普請」や「溝さらえ」、「田植え」など、労働力を一度に大量に投入する時に行なわれてきた共同作業の多くは、農業の機械化によって現在では行なわれていない。「田植え」は動力田植機で各農家が独自に行ない、稲刈りは動力刈取り機やコンバインでこれも各農家ごとに行なうようになった。下村では共同作業のことを「カセイ」や「コーリャク」といっていたが、その言葉すらも、今では通用しなくなっている。農作業における機械化は、村の共同作業の機会を激減させると同時に、農業労働時間そのものをも減少させた。それにともなって、かつては農繁期の後や共同労働の後に行なわれていた、村人どうしが共同で楽しむ機会すらも減少してしまった。

たとえば、「水かけ盆」とよばれる田圃に水を引いた後の休みの日が、圃場整備の後に消滅してしまった。「刈り上げ」とよばれる稲刈りの後の休日や、「庭ころがし」とよばれる脱穀や乾燥の後の休日も、各家で個別に休まれているにすぎない。ただ、田植えの後の「やすんごと」だけが、現在でも、生産組合の班を単位として、一泊二日で近隣の温泉に出かける習慣が続けられている。

「道普請」や「溝さらえ」といった村の共同作業は、圃場整備や土地改良事業でずいぶんと形を変えることになった。「道普請」の方は、今ではまったく行なわれていない。「溝さらえ」（下村では「エザライ」とよんでいる）と「モビキ」（用水中の藻の除去）とは、それぞれ四月と七月にこれも生産組合が中心となって、丸一日ずつをかけて行なっている。各農家は一軒に一人の割で人手を出さなければならない。作業の後には、簡単な食事と酒が出される。

農耕儀礼や農作業に関する年中行事が比較的少なくなってきているのに対し、人生儀礼や家族を単位とした行事は、むしろ盛んになりつつある。たとえば、三月三日の「ひな祭り」は、かつて下村ではあまり行なわれていなかったが、今では家ごとにひな人形を飾って祭っている。同様に、五月五日の「端午の節句」も祝われている。七月七日の「七夕」も、戦後導入されたものだ。お盆も、先祖の霊を迎えるものとして家族を中心に営まれており、衰退しているとはいえない。

最近になって新しく作り出された行事が、村の年中行事化してきたものもある。たとえば、毎年九月の最終日曜日には「町民運動会」（注2）が開かれているが、これは村をあげての一大スポーツの祭典であり、下村全体の住民が参加する最大の祭りとなっている。八月一七日に行なわれる「商工祭り」（注3）というのも、新しく作られた祭りである。お盆の最終日と重ね合わせて、「盆踊り」がこの日行なわれることになっている。

農耕儀礼にかわって近年盛んになってきているのが、「スポーツ大会」である。下村で最も盛んなスポーツ大会は「ゲートボール大会」で、これは年三回の大会があり、毎回五〇人から一〇〇人近くもの参加者がある。「ゲートボール大会」には老人の参加が多いが、壮年層には「ソフトボール大会」、「ビーチボール大会」、「軟式野球大会」などがある。昔は、「水かけ盆」や「やすんごと」や「八朔」や「刈り上げ」といった農耕の休日があったが、それにかわって現代では、多くのサラリーマン農家のために、土曜、日曜を中心に「スポーツ大会」が開かれていると考えられる。また表には載せていないが、七月から八月にかけては、毎週一回「ナイター乗馬教室」と「ゴルフ教室」が開かれており、また「チビッ子スポーツ教室」と「ジュニアスポーツ教室」は年間を通じて開かれている（注4）。「乗馬教室」は、伝統行事である「やんさんま」に用いる馬を確保するために、村で馬を飼育したことがきっかけになって乗馬クラブが誕生し、その後乗馬クラブと村とが共催して「乗馬教室」を開いている。ここにも伝統行事の影響が見られる。

村祭りと年中行事に見る農村観・農業観の変化

農村社会の産業構造の転換と農業生産の構造的変化にともなって、村祭りや年中行事は大きく変化した。下村をはじめとする日本の伝統的農村にあっては、村祭りや年中行事は、村の一年の生活と労働のリズムを作り上げていた。年中行事は農作業の手順を追って一連のものとして構成されていた。あるいは一人前の農民として、村の社会のメンバーになるための、人生儀礼の一環として構成されていた。村祭りは農民である村人共通の価値観の上に立ち、それを実現するための手段として、あるいは達成した喜びに対する感謝の場としてとり行なわれていた。同時に、こうした村祭りや年中行事に参加することにより、村人は共通の価値をもち、共通の農村社会のメンバーであることをお互いに確認していたのだと思われる。実際に村の年中行事の多くは、村で生活していく上で必要なことであるとともに、便利なことでもあった。楽しいことも苦しいことも、さまざまなことがらが年中行事を通して、村落社会の側から村人に提供されていたのである。

しかし、戦後五〇年の間に、村祭りや年中行事のもつ意味は大きく変わった。農耕儀礼の形式化と衰退は、村人たちが農業を、人間と自然とによる共同作業であるとは、もはや考えなくなったことを示している。超自然的存在や神におうかがいをたてる必要はなくなり、農業は人間の手によってコントロールできる技術へと変化したのである。農耕儀礼は形骸化し、村落社会の中で一年や一生を秩序づける役割をはたすことができなくなった。

下村のやんさんま

それでは、実効力がすっかり衰えてしまった村祭りや農耕儀礼は、どうして完全に消滅してしまわなかったのだろうか。戦後日本の農業生産における科学信仰は、なぜ祭りや儀礼を駆逐してしまわなかったのだろうか。おそらく戦後五〇年の間に、村祭りや農耕儀礼には別の重要な役割が付け加えられていったにちがいない。下村の例では、「やんさんま」とよばれている豊作祈願の春祭りと「稚児舞」の登場する秋祭りが、富山県内の各地から数千人の見物人を集める伝統行事として続いており、これは地元の新聞やテレビなどのマスコミでも取り上げられる。このように、いったんその地域に受け継がれている独特の祭りとして認知されてしまえば、村人たちは、その祭りを自分たちの村に欠かせないものとして、誇りをもって存続させていくことができる。農耕儀礼としての祭りの一部は、地域社会に住む人間にとって、自分たちのアイデンティティを確立するための、かけがえのない手段へと変身をとげたのだと思われる。

注

(1) 下村は、平成一七年の合併により、現在では富山県射水《いみず》市下地区となっている。人口は二、〇七四人である。

(2) 現在では一〇月の第二日曜日に住民運動会として行なわれている。

(3) 現在では八月の土曜日に納涼祭が行なわれている。

(4) 射水市と合併する前後に、下村には「NPO法人 しもむらスポーツクラブまいけ」が設立された。「まいけ」とは「〜しませんか」という意味である。

この中に、多くのスポーツ教室やスポーツクラブが組み入れられることになった。「下村スポーツクラブまいけ」が主催して「チャレンジ乗馬」「トレッキング教室」「スキークラブ」「ダーツ選手権」等の大会が開かれている。この他、野球、ゴルフ、バレーボール、テニス、空手、ビーチボール、よさこい踊り等のクラブがある。

また、「フィットネス教室」「ソフトエアロビ教室」「パソコン教室」の他、「英語で遊ぼう」といった英会話教室も毎週開催されている。

下村を単位とした文化活動や体育活動は現在ますます盛んであり、有料のものも無料のものもある。以前のものと比べると、下村の人以外も自由に参加できるような形態になっている。

参考文献

「下村村史」下村役場、一九八二年
「下村加茂神社稚児舞調査報告書」下村役場、一九八二年

第3章

けんか祭りと岩瀬もん——地域社会はいかに出現するか

富山の曳山

富山では、春になると、毎年数多くの曳山祭《ひきやま》りが行なわれる。

四月一六・一七日には、砺波の曳山祭り、二三・二四日は石動の曳山祭り、五月一日には高岡の御車山《みくるまやま》祭り、二・三日の福野の夜高《よたか》祭り、三日には八尾の曳山祭り、一五日には伏木の曳山祭り、一七・一八日には岩瀬の曳山祭りといった具合に続く。

これらの曳山祭りには、大小さまざまの山車《やま》がでる。山車には前後四輪の車輪がついており、その形は、京都祇園祭の山鉾巡行の山と、ほぼ同じ形をしている。山車の上には、鉾や花傘や人形が飾られているもの（御車山）、箱棟のついた屋台づくりになっているもの（城端の曳山、八尾の曳山）、大きな行灯や無数の提灯がつけられたもの（福野の夜高、津沢の夜高）、屋台の中で歌舞伎が演じられるもの（砺波の出町子供歌舞伎曳山車）などがある。

富山市東岩瀬の曳山祭りも、こうした曳山祭りのひとつである。正式には、東岩瀬の町にある二つの諏訪神社（白山町諏訪神社と萩浦町諏訪神社）の春祭り（春季例大祭）ということになる。かっては旧暦の八月二七日・二八日に行なわれていたが、最近は五月一七日と一八日の二日間に行なわれ、各町内から一三本ないし一四本の山車が出て、町内を曳きまわされる。岩瀬の山車は、山車の上に乗せられる高さ約六メートルの「たてもん」と、山車どうしのぶつかりあいに、その特徴がある。

同じ曳山祭りといっても、高岡の御車山の巡行や八尾の曳山の巡行と、岩瀬の曳山とはずいぶんと異なっている。たとえば高岡の御車山には、七基の山車が巡行するが、それぞれの山車に飾られる鉾や人形は、漆、金具、彫刻などいずれも高岡工芸の粋を集めた豪華絢爛《けんらん》たるもので、歴史的にも古くから伝わったものである。見る人々は何よりもその豪華さ、美しさ、仕掛けの精巧さを楽しむこととなる。

これに対して、岩瀬の山車は、山車の台車の上にたてもんが乗せられるが、これは、毎年作り変えられる大型の行灯《あんどん》である（写真）。竹と木（現在では針金や鉄骨）で骨組みを作り、それに布をまいて色付けをして作り上げられる。また、中には灯（現在では電球）がともされる。福野や津沢の夜高祭りの行灯山車ともよく似ており、弘前のねぷた祭りや青森のねぶた祭りの「ねぷた」や「ねぶた」にも近い。岩瀬のたてもんは、「判《はん》じ絵《え》」となっており、その題目と形態は毎年変わる。「判じ絵」とは、その年に起きたできごとや町内の心意気を、文章にしたてあげその言葉に語呂あわせで絵をつけていくものである。

したがって、昔から伝わる工芸品の山車を組みたて、その美しい姿を毎年確認する御車山や八尾の曳山と比べ、岩瀬の曳山では、毎年、どのような趣向がこらされるのか、どのようなデザインの、どんな判じ絵が描かれるのかというところに町の人々の興味が集まる。判じ絵はちょうど、カーニバルやパレードにおける仮装やデコレーションと同じ一過性のものであり、その年々の出来、不出来や趣向を競う種類のものである。

岩瀬の山車

　たてもんという言葉は、たてられた物というほどの意味だと思われる。同じ富山でも、魚津市の諏訪神社では、毎年八月七日・八日（平成一九年より八月の第一金・土曜日になる）にたてもん祭りが行なわれているが、高さ一〇メートル余りの帆柱に一二本ほどの横木をつけ、それぞれの横木に数個の提灯をつるしたものである。全体として、上端が短く、下端が長い巨大な二等辺三角形となっている。

　現在、岩瀬の山車に乗せられているたてもんとは、ずいぶんと形態が異なる。しかし、岩瀬の山車も明治時代の写真を見れば、たてもんと名前がついたことに納得がいく。当時の山車には、高さ一五メートルをこえる帆柱《ほばしら》が建てられ、それに上・中・下、三段に分かれた大提灯がつけられていた。全体として背が高く、それこそたてもんの名にふさわしいものであった。

上・中・下、三段に分かれた行灯には、この当時から、それぞれ言葉の意味がこめられた絵が描かれていた。

たとえば、明治三五年の土場町のたてもんの記録が残っているが、その題目は、「日英同盟を祝す」というものであった。上段には、「太陽」と「イギリス国旗」が描かれ、中段には、「銅銭と梅の花（同盟）」が描かれ、下段には、「酒樽と御幣（祝）」が描かれていた（注1）。こうした三つの組みあわせの語呂あわせの絵を、岩瀬では「判じ絵」とよんでいる。岩瀬の曳山では、現在でも、この「判じ絵」のたてもんを作る伝統を保持しており、富山でもたいへんめずらしいものとなっている。

本来タテ長で背の高いたてもんであったが、岩瀬の町に電線がはりめぐらされたことにより、たてもんの背は急速に低くなった。このため三段に分かれた判じ絵は、寸づまりになり、やがてくっついてしまうことになった。また、心柱《しんばしら》（中心となる柱）の先端にとりつけられていた「一万燈」の提灯もなくなり、心柱自体も作りものの中に埋没してしまった。写真を見ると、この変化は明治期から大正期の間に起こったようである（注2）。弘前のねぷたや青森のねぶたも、電線とともに背が低くなり、その分横に張りだしていって現在のような形になったとされるが、岩瀬の場合には、山車の台車の部分が漆塗りの固定されたものであったので、横幅もそうひろがることはなかった。

このように、岩瀬の山車は、形態から見ると、曳山車としての側面と、作りものとしての側面の両方をもっており、作りものとしては、高くたてられた夜高行灯としての性格を強くもっている。

けんか山

岩瀬の曳山のもうひとつの特色は、山車と山車とのぶつかりあいにある。その激しさから、岩瀬以外の人々は、岩瀬の曳山のことを「けんか山」と表現している。岩瀬の人々はこれを、「曳きあい」と表現する。文字通り、二つの山車をぶつけあって、お互いの綱を引きあうところに、喜びを見出しているからである。

山車と山車とのぶつかりあいは、伏木の曳山にも、福野の夜高行灯や津沢の夜高行灯にも見られるが、ぶつかり方は祭りによって異なる。伏木のけんか山車では、昼間町内を曳きまわされた山車に数多くの提灯が飾られる。山車は真正面からぶつけられるため、下廻りの構造は特別太い丸太や角材で補強され、より頑丈なものになっている。伏木の山車どうしのぶつかりあいは正面からのぶつかりあいで、この一瞬の衝突でいかに相手の山車を破壊することができるかが競われる。

いっぽう、福野の夜高行灯では、福野町の中心部にある商店街の狭い道路で、山車どうしがすれちがう時にけんかが起こる。道幅いっぱいにならんだ二つの山車の上には、それぞれ何人もの若者が乗り込んでいて、すれちがいざまに、相手の夜高の一部をひきちぎるのである。福野のけんかは、ぶつかりあいではなく、行灯のもぎとりあいといった方が、適切である。

こうしたさまざまなけんかの形態と比べてみると、岩瀬の曳山は、山車のぶつかりあいと、それに続いて起こる引き綱での山車の曳きあいに特色がある。

ところで毎年五月一七日、白山町諏訪神社前の道路にならんだ一三台の山車は、それぞれ表《おもて》方《かた》か裏方《うらかた》（浦方）か、いずれかの町内に属して戦う。これらの山車の中から、双方一台ずつが対戦相手として道路の中央に進みでて、向かいあい、睨みあう。山車には、それぞれ左右二本の引き綱がつけられている。一本の引き綱の長さは三〇メートルから五〇メートルもある。また、それぞれの引き綱には、三〇人から五〇人の男たちが「つながって」いる。

三〇メートルほど離れて向かいあった山車どうしは、なかなか動こうとしない。それぞれの山車の前で引き綱の先頭に陣どった若者たち（「特攻隊」とよばれている）が、「こんかえ、こんかえ（こっちへ来い、こっちへ来い）」とよびかけ、相手を挑発する。若者の中には、拍子木《ひょうしぎ》にあわせて跳《は》ね踊りを踊る者までいる。それでも、山車は睨みあったまま動こうとしない。曳きあいでは、相手の挑発にのって先に走りだした方が不利になることが多いからである。タイミングを見はからって、曳き手の呼吸がぴったりとあった時、一気に走りだすのが最良とされる。また、相手の山車の曳き手が走りだしてきた時には、それに対応して遅れずに走りださなければならない。山車どうしの睨みあいは、このように両者の思わくがからみあい、たがいに牽制しあいながら行なわれている。ちょうど大相撲の睨みあいや、立ちあいに匹敵するものである。山車どうしの睨みあいは、五分間から一〇分間、長い時には三〇分も続く。山車の曳き手たちにとっては、曳きあいのひとつの勝負どころであり、最も緊張する時間であるが、曳きあいの見物人たちにとっては、なんとも冗長な、勝負の始まらないもどかしさを感じる時間でもある。

勝負は突然に始まる。引き綱の先端を握っていた若者たちの一団が、急に相手の山車に向かって駆けだす。若者たちの手に握られた引き綱がひっぱられ、山車も動きだす。相手の若者の一団も、自分たちの山車の引き綱を手に突進する。若者たちの先頭集団どうしがすれちがい、引き綱が交叉する。ぶつかりあってこける若者たちもいる。引き綱にひっぱられた山車が、スピードを増し、大音響とともに正面からぶつかりあう。両方の引き綱が左右から伸びる。後ろから走ってきた男たちが、次々と伸びたロープを手にとり、ひっぱる。

「ヤサーヤサ、ヤサーヤサ」

これはまさしく海の男たちによる、綱の引きあいの力比べである。

山車の反《そ》り台《だい》の上には、拍子木《ひょうしぎ》とよばれる男たちが、味方の調子をあわせるために掛け声をかけ、手ぶりで威勢をつける。

「ヤサーヤサ、ヤサーヤサ」

実際の曳きあいの時間は、三分間から五分間にすぎない。力に差がある時には、いっぽうの山車が曳き勝ち、ぐいぐいと前進していく。

曳き負けた側は、山車と地面の間に何本もの梶棒《かじぼう》を入れ、必死に山車が退がるのを押しとどめようとする。が、それでもかなわず、ギシギシときしむ音をたてながら山車は後退していく。いっぽうの山車が後退し続けた時、山車の上から拍子木が鳴る。拍子木は、曳きあいの中断を意味する。山車が倒れそうになった時や、人が山車にはさまれて危険な時、力が拮抗してどちらの山車も動かず、どうにも勝負がつかない場合にも拍子木が鳴らされ、曳きあいの終わりを告げる。

曳きあいが終われば、かみあっている山車は後ろに引き戻され、たがいに道をゆずりあってすれちがい、曳きあいの舞台からは姿を消すことになる。このようにして一晩に四回から五回の曳きあい、山車と山車とのぶつかりあいが、二日間にわたって続くことになる。

岩瀬の町

岩瀬曳山車祭の行なわれる東岩瀬の町は、富山市の北の玄関、日本海に面した港町である（図Ⅰ—5）。人口五、九一五人、面積約一・五平方キロの地域に密集している。行政的には、富山市東岩瀬に属している。地理的に見ると、富山平野を貫いてきた神通川が、富山湾にそそぎこむ、河口の右岸に位置している。ここには近世より富山有数の港があった。岩瀬は、日本海に面した海運の港として栄えた歴史をもっている。しかし、現在では、富山県における最大の港は、岩瀬の西側約一〇キロにある富山新港（新湊市）の方に譲ってしまった。

富山市の中心部から東岩瀬までは約八キロ、ＪＲの富山駅からは富山港に向かって富山港線と

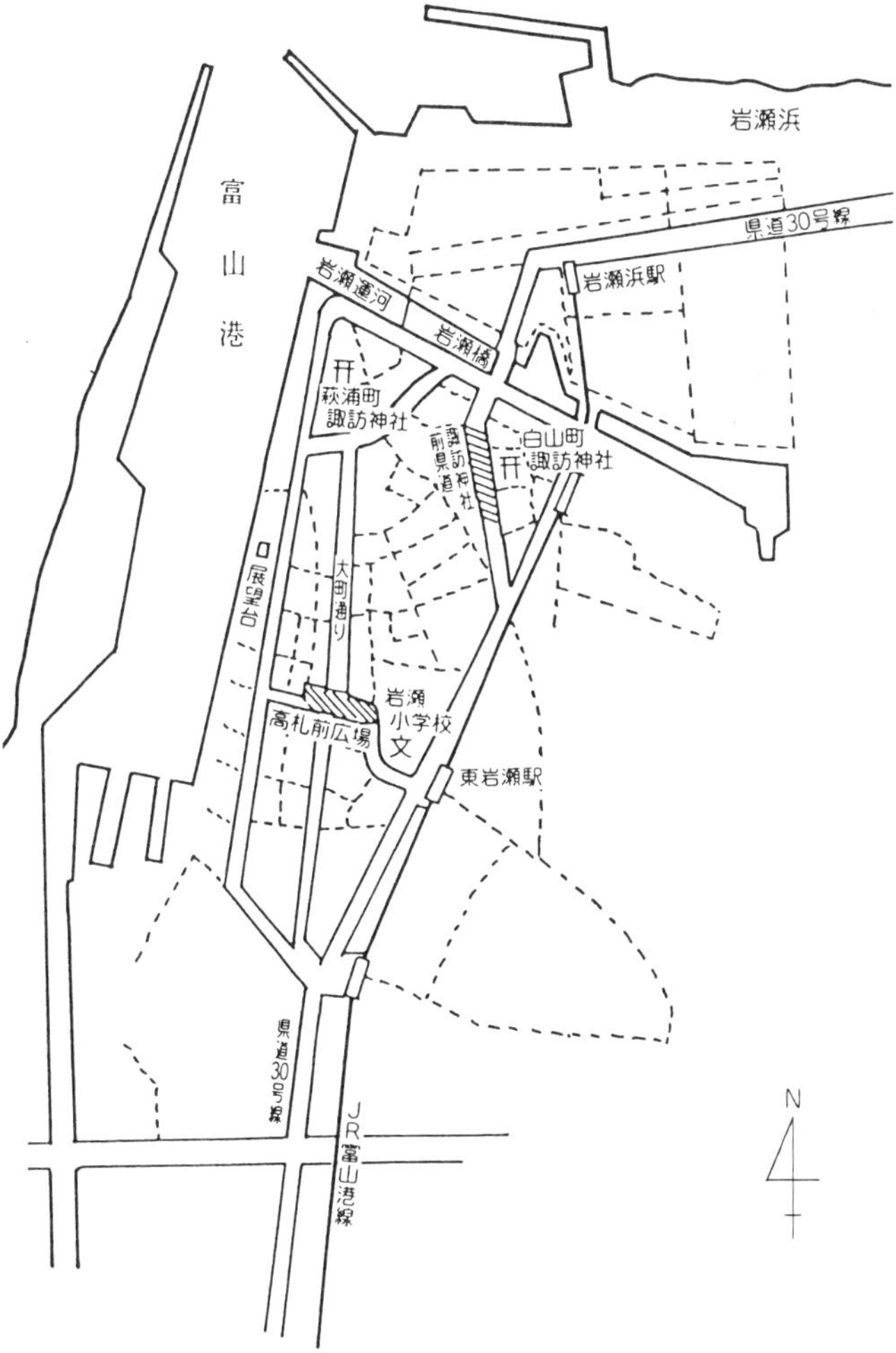
岩瀬浜
富山港
県道30号線
岩瀬運河
岩瀬浜駅
岩瀬橋
萩浦町
諏訪神社
諏訪神社
前県道
白山町
諏訪神社
展望台
大町通り
岩瀬
小学校
高札前広場
東岩瀬駅
県道30号線
JR富山港線
N

図Ⅰ－5　東岩瀬全体図

いう単線が延びている。現在では、電車に乗ると約一五分で東岩瀬駅につく。いっぽう、ＪＲ富山港線と平行して県道三〇号線が続いており、富山市内と東岩瀬とを結んでいる。車を利用しても、約一五分の距離である。東岩瀬の近辺は昭和初期から、富山有数の工業地帯として栄えた。神通川に沿って富山港と市街地を結ぶ運河も開削されたが、今はもはや利用されてはいない。東岩瀬の町は、ＪＲ富山港線（二〇〇六年に富山ライトレール富山港線となった）と富山港にはさまれた、東西八〇〇メートル、南北一・五キロの細長い町である。

神通川沿いの富山港に面しては、展望台、港湾管理事務所、港湾合同庁舎、漁業協同組合事務所、消防署の海上分遣所、コンテナ置き場など、港湾関係の建物や施設が岩瀬浜駅まで続く。

しかし、港湾沿いの道路を一本東側にはいると、幅四メートルほどの敷石を敷きつめた道路が南北に通っている。これが岩瀬の町の中心となる大町通りである。大町通りに面して商店と住宅とが交互にならんでいる。何軒かの古い様式を残した商家や蔵が残っているが、これらの商家は徳川中期から明治・大正期にかけて活躍した廻船問屋であり、そのたたずまいは、当時のおもかげを残している。しかし、全体としての商店街は、それほど賑やかなものではない。人通りも多くない。各種の商店がひととおりはそろっているが、地方の港町のなんでもない商店街のひとつである。

大町通りは南へ五〇〇メートルほど進んだところで、幅の広い東西の通りにでる。地元の人々は、この通りを、「忠霊塔前」もしくは「高札前《こうさつまえ》」とよんでいる。通りの正面には、戦前にたてられたらしい忠霊塔が木立の中にたたずんでいる。また、この通りの北西の角は不自然にかぎ型に広げられているが、ここには幕藩時代に「高札」が立てられていた。

「高札前」の広場は、岩瀬では特別の意味をもっている。この広場は、諏訪神社前の県道とならんで、岩瀬の山車がぶつかりあう場所であるからだ。また、「表方」に属する山車が、諏訪神社前での曳きあいの前に集まって、祇園囃子を演奏し、いざ出発という気持ちを高める場所でもある。

「高札前」の広場は、東岩瀬の町を、象徴的に南北に二分している。この広場から南へ、大町通りは新川通、新町通となってさらに続くが、道幅はますます狭くなり、三メートル前後になる。道の両側の商店の数も少なくなり、住宅の割りあいが増える。このあたりは、かつては繁栄した商店街であったようだが、今はむしろ住宅地の中に商店が点在しているといった方がいいだろう。新川町、土場町、新町といった表方の山車をだす町々が続き、やがて、港の前を通る幅広い道路につきあたり、家並みはとぎれる。このように大町通りは、東岩瀬の町を南北に貫く中心的な通りとなっている。

大町通りの北の端は、幅四〇メートルほどの岩瀬運河にぶつかる。岩瀬運河には、数多くの漁船やボート、ヨットが停泊している。岩瀬運河には二本の橋がかかっている。一本は人道専用の大漁橋、もう一本は二車線車道と両側に歩道のついた岩瀬橋である。富山港に沿った幅広い道路は港沿いに岩瀬運河に出合い、東進し、やがて岩瀬橋で県道三〇号線に合流する。

岩瀬橋をこえて北へ進むと、東岩瀬の町は様相を一変する。この地域は曳山祭りでは浦方の町のひとつで、浜町と総称されているところである。行政上の町内としては、諏訪町、天神町一区、二区、古志町といった町内が含まれる。これら浜町は、まさに浜町の名前にふさわしく、日本海に面した岩瀬浜に沿ってできた漁師町である。岩瀬浜は、富山近郊の海水浴場として、夏には海の家が建ち海水浴客で賑わうが、そのいっぽうで近海漁業の漁船の基地として、数多くの漁師が住むところでもある。

もう一度大町通りに戻ろう。大町通りと県道三〇号線との間には狭い道に住宅が密集している。一番北の運河沿いには、松原町、白山町がひろがる。これらの町も浦方の町に属している。松原町は港町と合同で「松港」という山車をだす。白山町には、岩瀬曳山車祭をとり行なう諏訪神社が鎮座している。ここは、港近くの入船町や萩浦町から移住した人が多い土地である。

松原町の南には梅本町、仲町、表町、堺町、文化町といった町内がある。これらの町内は五町内で「永割」とよばれる一つの山車をだしている。永割は、岩瀬曳山車祭では特殊な位置をしめている。表方にも浦方にも属さないからである。岩瀬の人々の言い方によれば、永割は「中立」の町ということになる。永割の諸町内の西には、福来町と祇園町がある。この地域も人家の密集したところである。福来町と祇園町は表方の町に属している。

祇園町と文化町の南側には、岩瀬小学校、岩瀬幼稚園といった公共の施設があり、町名を御蔵町という。御蔵町には、幕藩時代数多くの御蔵がならんでいた。その御蔵の跡地が現在小学校として利用されているのである。御蔵町もまた表方の町内である。

表方と浦方

岩瀬曳山車祭の山車の曳きあいの時に登場する対立の構図は、「表」と「浦（裏）」という対立である。山車をだす一三町内は、「永割」の町内をのぞき、すべて「表方」もしくは「浦方」のどちらかに属する。五月一七日夜に行なわれる白山町諏訪神社前の曳きあいでも、一八日夜に行なわれる高札前の曳きあいでも、曳きあいには表方の山車一台と、浦方の山車一台が順次登場し、ぶつかりあうことになるのである。それでは、この表方、浦方というのはどういう分類によるものであろうか。

浦方に属する町の多くは、東岩瀬の町全体から見れば町の北側、富山港の海岸線から岩瀬運河に沿ってひろがっている。いっぽう、表方に属する町の多くは、町の南側、高札前の広場から南にひろがっている。

東岩瀬の町建てに関係する書物を調べてみると、東岩瀬の町は、万治年間（一六五八〜一六六一）に神通川の流れが大きく変わり、それまで港として機能をはたしていた神通川左岸（現在、西岩瀬および四方《よかた》とよばれる地域）が、港としての機能をはたさなくなった。このため、この地域の人々が、大挙して神通川右岸（現在の東岩瀬地域）に移住してきたことが東岩瀬の町のはじまりとされている（注3）。この時までは、東岩瀬は日本海に面した二十数戸のひなびた漁村にすぎなかったと伝えられている。この時に西岩瀬から移住してきた人々は、港湾関係者が多く、移住に際して、四方にあった諏訪《すわ》神社を東岩瀬に分社した。やがて寛文二年（一六六二）には、加賀藩の公用の往還路の宿場として指定され、急速に、宿場としての設備や港湾設備を整えていくことになる。さらに寛文一〇年（一六七〇）には、加賀藩の藩米を収納するための御蔵《おくら》を東岩瀬に建て、以降東岩瀬は藩米の搬出港としても重要になってくる。幕藩時代の記録を見ると、東岩瀬は、浦方、宿方、東岩瀬村方の三つに分類されていたことがわかる。このうち浦方はもともと、岩瀬浜に住んでいた漁村の住民たちであり、宿方とは、西岩瀬から移住してきた人々を中心とする宿場町の住民たちであり、村方とは、町の周囲にひろがる農村地域の住民たちをさしていた（注4）。

つまり、現在の表方、浦方というのは、この時以来の宿方、浦方という分類がもとになっているのではないかと思われる。おそらく、「浦」と「宿」という対立が、「裏」と「表」という対立に転換されていったのではなかろうか。

もっとも、当時の浦方、宿方という地域割りが、必ずしも、現在の表方の町、浦方の町の地域割りに、直接対応しているわけではない。いや、むしろ幕藩時代から、宿方、浦方という町内を単位とする地域割りはすでに存在しなかったようである。たとえば宝暦年間（一七五一〜一七六四）に作製されたと推定される絵地図を見てみると、大町通りに面した家並みに、浦方と宿方の両方に属する家々が、交互にならんでいるのがわかる。これらの家々が浦方と宿方に分類されているのは、その地に住む人物がもともとは浦方もしくは宿方より出所したことを示しているのであって、特定の町内が浦方もしくは宿方に属しているることを意味しているのではない。

現在の「表」、「浦」という区分けは、このように歴史的な背景を背負った、「浦方」、「宿方」という区分けとはかならずしも直接一致しないものである。しかし、町の人々の意識の中には、「うら」とは「浦」をあらわすものであり、それは、宿駅が形成される以前の漁村としての東岩瀬の一方の側面を象徴させているところがある。

祭りの組織と山車町

岩瀬曳山車祭は、さまざまな要素から構成されている。曳山祭りとしての側面、毎年新造される行灯山としての側面、全町内が二つに分かれてぶつかりあうけんか祭りとしての側面、引き綱で山車をひっぱりあう綱引きとしての側面などである。これらの諸要素を個々に見ていけば日本海沿岸の各地の港町に見られる祭りの特色や、江戸期における町人文化の特色をそれぞれ示すものであることがわかる。このようにごく一般的な祭りの特色を組みあわせて、岩瀬曳山車祭という全体としては特色のある祭りができあがっているのである。

岩瀬曳山車祭には、一三本（台）もしくは一四本（台）の山車がでる。それぞれの山車には、山車をだす主体となる組織がある。一三本の山車を見てみると、そのうち、六本までが単独の町内会もしくは町内の組織によって運営されている。これらは行政上の町内（行政町内）と山車町とが一致していることになる（表4）。

表4　祭りの町内区分（注5）

町　　内	自治会区分	世帯数	人 口	表・浦	曳山車運営組織名	会合場所	山車保管場所（山車小屋）
新　　町	新町1区・2区、幸町、神明町、（西宮）	205	674	表	新町曳山車保存会	新町公民館	琴平神社
土　場　町	土場町	60	213	表	町内会	土場町公民館	琴平神社
新　川　町	新川町1区・2区	71	208	表	町内会	町内会長宅	琴平神社
荒　木　町	荒木町	67	222	表	町内会	荒木町公民館	琴平神社
福　来　町	福来町	48	168	表	町内会	福来町公民館	諏訪神社
御　蔵　町	御蔵町	68	240	表	曳山車愛好会	御蔵町公民館	諏訪神社
祇　園　町	祇園町	35	128	表	祇園町成年部	山元宅	諏訪神社
永　　割	表町、文化町、堺町、仲町、梅本町	187	634	中 立	曳山車保存会	永割曳山車格納庫	永割曳山車格納庫
浜　　町	諏訪町、天神町1区・2区、古志町1区	404	1,353	浦	浜町曳山車愛好会	諏訪町公民館	諏訪神社
浦　　町	萩浦町、入船町	112	385	浦	名称なし	入船町公民館	諏訪神社（金屋の宮）
白　山　町	白山町1区・2区	175	616	浦	曳山車愛好会、曳き子の会	白山町2区公民館	白山神社
港町・松原町	港町、松原町	117	383	浦	町内会	港町公民館	諏訪神社（金屋の宮）
大　　町	大町	69	229	浦	町内会	大町公民館	諏訪神社

　さらに、四本の山車町は、二つの行政町内が連合して運営しているものである。この中には、白山町一区、二区のように、人口増にともない行政町内が単に分裂しただけのところや、松港のように、港町と港町から移り住んだ人が多い松原町が連合して山車をだしているところがある。

　いっぽう、新町、永割、浜町という三本の山車町は、四つないし五つの行政町内が連合して、大きな山車町をつくっている例である。これらの山車町に住む人々の数は、六〇〇人から一、三〇〇人と、他の山車町に比べて断然多くなっている。

　行政町内と山車町が一致しているところでは、町内会が直接山車の運営に関わっていることが多い（六町内中四町内）。それに比べ、多数の連合町内によって山車をもっているところでは、どうしても「愛好会」や「保存会」といった、同好会による山車運営が中心になっている（七町内中五町内）。したがって、山車町の大きさや行政町内との結びつき方によって、山車の運営に参加する人々の顔ぶれや雰囲気も、異なってくる。

また、山車を組みたて、それに乗せるたてもんを製作するためには、一週間から三週間の日数がかかる。たてもんは岩瀬にあるいくつかの神社の境内の山車小屋やたてもん小屋でつくられる。毎日仕事を手伝いにくる人の数は町によって異なるが、数人から十数人といったところである。

この何週間かにわたるたてもんの製作過程を経て、山車町の男たちは徐々に祭りの本番へと気持ちを高揚させていく。製作の間には、何度となく「飲み会」が催され、山車のメンバーとしての連帯が確認されていく。山車によっては、製作の過程で、集団内での礼儀や上下関係がたたきこまれるところもある。

祭りの数日前になると、山車の台車が組みたてられ、その上にクレーンでたてもんが乗せられる（これは「たてもん起こし」とよばれている）。この作業のあと、山車は山車町の町内を試し曳きされることになる。

山車が通っていく時に、木製の車輪とその心棒との間の摩擦で、「ギィー、ギィー」という独特の音がでる。この音に岩瀬の曳山を感覚的に想い起こす人が少なくない。祭り当日の一六日と一七日の昼間には、自分の町内はもとより、各町の山車が、岩瀬の町の全域を曳きまわされるの

子供たちも参加しての昼間の曳きまわし

であるが、その時にでる山車の「ガワ（車輪）の音」こそ、自分たちが岩瀬の住民であり、山車をだす町内に住んでいることを最も強く感じる時であると述べている人が多い。山車は岩瀬全体を曳きまわされ、同時に「花」（寄付金）が集められていく。特に自分たちの町内に関しては、山車の通ることが可能な道路は一本として抜かすことなく、町内のすみずみまで山車を曳きまわす。これは、何らかの形で山車の製作に協力してくれた地域住民に対する、山車の披露でもあり、同時に町内の山車への帰属意識を強くうったえかけるための手段でもある。山車が近づくと町の家々の戸が開き、かならずといっていいほど住民たちが顔をのぞかせる。

昼間の曳きまわしには、町内以外から見物人がくることはない。山車のいくつかは、幼稚園や小学生の子供たちが山車の曳き手に加わっている。多い山車では三〇人をこえる子供たちと、その母親が、ぞろぞろとひっぱって歩いている。実際に山車が動きだすには、大人の曳き手が七、八人は必要となるので、こうした場合には、大人の男たちがかならず山車についていって後ろから山車を押すことになる。

広い岩瀬の町内を曳きまわすことは骨のおれる仕事であり、それだけで疲れることだ。子供たちに山車を曳かせることは、さらに骨のおれる仕事だが、大人たちは多少手間がかかっても、できるだけ子供たちに山車を曳かせようと考えている。時には、二つの山車が相対し、子供どうしで曳きあいのまねをさせることもある。おそらくは、曳山のおもしろさの真髄は曳きあいにあることを、子供のうちから伝えるためだと思われる。

対立の構図

昼間の曳山祭りと夜の曳山祭りとでは様相が一変する。町内の男たちは、いったん自宅に帰り、軽い夕食をとった後、再び各町内の山車小屋に集まる。次いで、昼間の引き綱を対戦用の引き綱につけかえる。また、この頃には、昼間の曳きまわしには出ていなかった一〇代、二〇代の若者たちも集まりだす。夜になると、祭りの空間は対戦の行なわれる空間へと凝集されていく。一六日の夜には諏訪神社前の県道に、一七日の夜には高札前の広場に集まりのすべてのエネルギーが集中する。これら二つの空間こそが曳きあいの舞台となるのだ。岩瀬の町内の人々をはるかにこえた人々が、舞台の周囲にすでにつめかけており、曳きあいの一時間前も前から押しあいへしあいの状態である。人々の前には規制用のロープが張られ、三メートルおきにヘルメットをかぶった警察官がならぶ。民家の一画には警察官の指揮所が設置され、木の上には、照明機がとりつけられる。これらの照明機は、大規模なけんかが起こることを防ぐために、あるいは記録するために警察がとりつけたものだが、結果的には「舞台に照明をあてる」という役割をはたしている。

舞台に登場する山車の順序、戦いを行なう前の他の山車の配置にも、山車の指揮者である山本《やまもと》や山車の曳き手たちは十分な注意を払う。山車の集合場所から舞台にたどりつくまでの道筋は、こうした山車どうしの作戦やかけ引きの場でもある。かくして、すべての山車は、戦いの舞台へと移動していくことになる。

舞台の上での山車は、たいへん華やかな存在である。見物人たちは、山車ができるだけ派手にぶつかりあい、すばらしいけんかが行なわれることを期待する。いっぽう、山車の曳き手たちは、いかに勝負に打ち勝つかに集中している。相手より早く引き綱をだすと、味方の力が集中できず、勝負では不利になることが多い。逆に、相手の動きに一瞬でも遅れると、あっというまに押し負けて勝負がついてしまう。綱を引きだすタイミングこそが、勝負の大きな分かれ目になる。曳き手たちは相手をじらしながら、挑発し続ける。このため、実際に睨みあいが始まってから、山車が動き始めるまで二〇分も三〇分も時間がかかる場合がある。しかし、いったん、どちらかの山車の曳き手が走りだせば、勝負は早くつく。山車はものすごい勢いでぶつかりあい、曳きあいが始まる。が、どれほど長い曳きあいでも、曳きあいそのものは時間にすれば四、五分間で終わる。

勝負が終われば、それぞれの山車は相手の山車の横を通りぬけて、舞台のはずれへと移動させられる。曳き手たちは、自分の町内の曳きあいが終わっても、浦方、表方どちらか自分の属する側の他町の曳きあいの応援に参加する。かくして、山車の曳き手の人数は、対戦が進むにつれますます増えてくることになる。

対戦の最終段階は、警察にとどけられた最終時刻午前零時を、過ぎるか過ぎないかのぎりぎりになるのが例年のならわしである。最後の曳きあいは、浦方からは浜町か浦町、表方からは新町の山車が登場する。これらの町は、それぞれ浦方、表方の横綱格の山車と考えられているからである。実際、曳きあいにも強く、曳き手の数も多い。さらに他町の曳き手たちの応援が加わるので、最後の戦いは浦方の全町内対表方の全町内の対戦といった様相になる。曳きあいにも応援にも、熱がはいる。いったん山車が動き始めれば、戦いは五分もかからずに結末にいたる。勝負がつくか、あるいは両方の山車の力が拮抗しビクとも動かなくなれば、引き分けを意味する拍子木が鳴らされる。山車は曳き戻され、方向を変え、たがいにすれ違い、やがて戦いの舞台から退場していく。

対戦の舞台となっていた諏訪神社前（一六日）や高札前（一七日）の広場は、山車どうしの最後の対戦が終わると、あっけないほど簡単に、緊張した空気がなごんでいく。山車を曳いてきた曳き手たちは、自分の町内へと山車を曳き戻す作業にかかる。見物客たちは、三々五々、山車と相前後しながら自宅へとひきあげる。警察官たちは規制用ロープを巻き、照明器具を片づける。やがて、岩瀬地区をとり囲んでいた交通規制が解除され、岩瀬を貫いている県道にもいつもと変わらぬ車の流れが戻り、閉ざされていた「祝祭空間」としての「岩瀬」は、その境界が消えてしまうことになる。

いっぽう、対戦の舞台の広場に集中していた祭りのエネルギーは、山車の移動にともなって、町全体へと再び拡散されていく。対戦にむかう時のいさましい笛の音やかけ声はなくなるが、車輪のギィーギィーという音が各町内へ移動していく。自分の町内についた山車の多くは、その日のうちにたてもんがおろされ、解体されていく。その後、町内の公民館では、山本や曳き手に町の人々が加わって、祭りの最後の宴会が夜遅くまで続けられることになる。

翌一八日は、いくつかの町内で、たてもんの解体作業や、山車の解体作業を行なうだけで、岩瀬の町の祭りは終わる。この時、諏訪神社では、宮司一人による裏祭りの祓いと祝詞が、ひっそりととり行なわれている。

祭りと町のアイデンティティ

岩瀬曳山車祭の特徴は、なんといっても、山車と山車とのぶつかりあい、および浦方と表方とのけんかの構図にあった。町内ごとに作り上げられた山車は、やがて、浦方と表方という対立の関係の中に集約されていき、深夜の曳きあいで一気にクライマックスに到達する。祭りが終われば、この対立関係は急速に消滅し、むしろ曳山祭りを共有する同じ「岩瀬もん」としての仲間意識が強くでてくる。

「岩瀬もん」という言葉には、独特のニュアンスが含まれている。現在は、昭和一五年に合併した富山市の中に含み込まれているが、岩瀬が未だ地域的独自性を保持していることを示すとともに、人々が岩瀬に対する強い愛着と誇りをもっていることを表明しているのである。

「岩瀬もん」という言葉には、「海の男」であるとか、「船もしくは漁に関係した人々」あるいは「日本海の荒波を乗り越えて日本各地と通商した北前船の乗り手たちや船主たち」といったイメージが含まれている。岩瀬の人々自身も、そうした「勇気ある船乗りの子孫」であり「海の男」としての自分たち自身という像を十分意識した上で、「岩瀬もん」という言葉を使っている。

岩瀬を象徴する廻船のモニュメント

日常生活の中で、岩瀬の町や岩瀬もんの文化が、目に見えるかたちで現れてくることは、めったにない。現実の岩瀬の町は眠ったように静かな、港に面しているが特別な特徴をもっているとは言えない商店街と住宅地なのである。ここにどのような歴史が刻み込まれてきたのか、はたして現在でも港や漁に関係のある人々が住んでいるのか、一見したところでは、見分けることができない（注6）。

ところが、祭りの日になると、今まで見えなかった「岩瀬」という町が突然出現する。また、伝統をもった海の文化を背負う「岩瀬もん」という人たちが、具体的な姿をもって突然現れてくるのだ。彼らは、各町内の法被を着て、たてもんの乗った山車を曳き、いさましい山車のぶつかりあいに参加して、けっして臆することがない。それは、まさしく荒海をかける「海の男」のイメージにぴったりと適合する。なるほど、これが「岩瀬もん」であり、「岩瀬の文化」であったのかと、町の人も他所の人も納得をする。岩瀬曳山車祭は、岩瀬の人にも、それ以外の人々にも、このことを確認させ、そのイメージと文化とを再生産していくのである。

山車と山車とのぶつかりあい、けんか山車は、この「海の町」と「海の男」のイメージを強化するためには、うってつけのものであった。たとえ、曳きあいに力が入りすぎて、山車のけんかから人間どうしのけんかになった時でさえ、「海の男」の「気の荒さ」がほとばしりでたものと見なされるからである。「けんか」もしくは「曳きあい」は、たてもんを乗せた山車という媒体を通して、海の文化、ないし港の文化に吸収されてしまうのである。

岩瀬における表方と浦方との対立は、歴史上の町建てにおける宿方と浦方との対立の構図を祭りに反映したものだと思われる。しかし、この宿方と浦方との対立が、実際の町割りに関しては、現在の表方と浦方に直接結びついてこないことは、すでに述べてきたとおりである。そうではなくて、象徴的な対立の構図、すなわち住民であり漁民としての浦方と、当時の新住民で港湾関係者や宿場の関係者としての表方の対立という、対立の構図だけがひきつがれてきたことになる。それは、伝説上の浦方対宿方であり、その後継者としての浦方の町衆対表方の町衆なのである。

このことは、同時に町の成立の経緯を、何度となく繰り返し表出させ、消えてしまった歴史を対立の構図の中に現出させるための、文化的装置だととらえることができる。

おわりに

一見、単純で素朴とも見える岩瀬曳山車祭には、さまざまな要素が組み込まれていた。富山の岩瀬という町に固有ないくつかの要素も含まれていたし、同時に日本の数多くの地方都市の祭りのもつ諸要素も含まれていた。ここでは、これまで述べてきた岩瀬曳山車祭が、どのような要素から、どのように組みたてられているかを考察してみよう。

岩瀬曳山車祭を構成する第一の要素は、祇園祭に代表される曳山祭りとしての性格である。京都で発達した祇園祭は、中世の町衆たちの経済的実力の蓄積とともに、祭りのもつ本来の疫病除けの性格よりも、町衆の力と団結力を示す山鉾のデコレーションと山鉾巡行のデモンストレーションの性格が強くなっていく。年が経つにつれ、山鉾はますます絢爛《けんらん》豪華なものへと変わっていく。江戸時代になると、数々の地方都市で商人層が経済力を蓄えていき、京都の祇園祭に見られる曳山の姿を、各地方都市へもちかえっていくことになる。

実際、現在富山に残っている多くの曳山祭りも、そのほとんどが、江戸時代に商人層が発達した町々で生まれ、現在まで続いてきたものである。高岡の御車山祭り、伏木の曳山祭り、八尾の曳山祭り、福野の夜高祭り、すべてが、この時代に、経済力をもつようになった町衆の出現とともに始まった。たとえ現在は、それほど経済力をもった町には見えなくとも、祭りが出現した時には、豊かで繁栄した町々だったのである。そういう意味では、曳山祭りは、農村の祭りではなく、町場の祭りであった。

岩瀬曳山車祭の第二の要素は、祭りの中心が曳山の曳き手の側にあるということにある。祭りが出現した当時、祭りのスポンサーとなったのは、富裕な商人層であったと思われる。こうした富裕な商人層は、できるだけ背の高い帆柱を建て、毎年目立つ作りものを作り、人目をひくことに力をそそいだ。巨大なたてもんは、北前船の廻船問屋たちのステータス・シンボルとなったのであろう。この当時、曳き手となっていた人々の多くは、富裕な商人たちに雇われていた人々であり、商人たち自身ではなかった。こうした傾向は、明治期から昭和初期まで続く。しかし、陸上輸送への転換によって、北前船の商人たちの経済力は徐々に落ちていってしまう。スポンサーがスポンサーでなくなってきたわけである。しかし、岩瀬の町の人々は、自身たちの手で祭りを存続させた。富裕な商人だけでなく、中小商人や職人、荷役人夫、工場労働者が、祭りの主体となった。この時、山車のスポンサーは山車の曳き手自身の手に移ったことになる。この点が、京都の祇園祭と決定的に異なる点である。

山車の曳き手たち自身によって運営されることになった岩瀬曳山車祭は、曳き手の好みをより反映させるような祭りの形へと変化していく。曳き手たちにとって面白いのは、山車のぶつかりあいである。曳き手たちは、自分たちのアイデンティティとしての勇壮さを見せる見せ場を作ろうとする。祭りのクライマックスは曳きあいにあるのだと町の人々が主張するのは、まさに祭りが曳き手の側に移ったことによるものだ。

岩瀬曳山車祭の第三の要素は、ぶつかりあいの重要性が増していく中で発生してきた。明治期の曳山祭りでは、山車と山車のぶつかりあいは、町中いたるところで、一晩中行なわれていた。しかし、いくつもの町々がぶつかりあうことによって、祭りの焦点は拡散しがちになる。祭りを統合し、一つの焦点に集約するためには、何らかの対立の構図が作り出される必要があったと思われる。この時、「浦方対宿方」という、町建てに起源する歴史が用いられることになった。すでに浦方対表方（宿方）という対立の構図があったが、現実の町割りは浦方と表方とは一対一に対応しているわけではなかった。しかし、概念としての「浦対表」という対立が、現実の祭りにおけるぶつかりあいを通してリアリティをもち、内容をともなっていったことになる。この対立の構図に基づいて、町建ての歴史は神話化され、補強されていった。逆にこのことによって、岩瀬の人々は、ますます自分たち自身を「岩瀬もん」として認識し、地域社会としての岩瀬のアイデンティティを受けつごうとするのである。表面的には消えようとして見える岩瀬の町は、曳山祭りを通して、毎年再生し、地域社会としての独自の姿を、はっきり目に見える形にして現しているのである。

注

（1）「土場町曳山沿革誌」（明治三五年度）『岩瀬曳山祭』岩瀬曳山祭調査会、一九九二年、一九四ページ
（2）『岩瀬曳山祭』岩瀬曳山祭調査会、一九九二年、一一三ページ
（3）同上、二五ページ
（4）河上省吾「解説『推定・宝暦絵図』――二百三十年前の東岩瀬」『バイ船研究』第三集、岩瀬バイ船文化研究会、一九九一年、三四―五九ページおよび付図
（5）井本三夫編『北前の記憶』桂書房、一九九八年
（6）平成に入ってから、岩瀬地区は伝統的な街並みを活かすような街づくりを実施している。特に大町通り沿いは伝統的家屋の景観に統一するため、茶色の和風の建築物への建て替えが行なわれている。たとえば、地元の銀行も、コンクリートの建物をこうした景観にあうように、和風に改築を施している。しかし、岩瀬の中で伝統的な街並み景観がつくられているのは、むしろ大町通り周辺に限られている。岩瀬という町全体、すなわち岩瀬曳山車祭に参加する町の全体は、やはり特別な景観をもっているというわけではなく、ごくふつうの住宅地と商店街である。

参考文献

『岩瀬の曳山』富山大学人文学部文化人類学研究室、一九九〇年
『岩瀬の曳山（続編）』富山大学人文学部文化人類学研究室、一九九一年

第4章　農村地域における文化装置とツーリズム

ツーリズムと日本の農村社会学

日本の農村社会学にとって「ツーリズム」は、基本的に研究の対象外におかれてきた。たとえば、一九八六年に発行された『リーディングス　日本の社会学6　農村』（東京大学出版会）には、日本の農村社会に関する戦後の代表的な論文が二一本おさめられているが、その中に日本の農村社会とツーリズムに関係する論文は、一本としてない（注1）。また、一九九三年に発行された、日本の農村社会に関する「文化論的アプローチ」としての著書『家と村の社会学（増補版）』（鳥越皓之著、世界思想社）では、「家や村を研究するための文献解題（一九九三年作成）」として、最近の農村社会学に関連する本と論文を一七二本紹介しているが、その中にツーリズムと関連する論文は、わずかに一本にすぎない。この中では、中野三郎の「奥多摩町における観光開発」が、地域おこしの例を分析したものとして、ツーリズムと関連している（注2）。

このように、日本の農村社会学の中では、ツーリズムが研究の対象としてとらえられてこなかったが、これにはいくつかの理由が考えられる。ひとつには、農村社会を厳密に農業生産の場としてのみとらえる考え方が強く、農業以外の産業、なかでもツーリズムをまともな研究対象とすることには、あまり関心が向けられなかったのではないか。いわゆる「農村」と、いわゆる「観光地」とは、まったく別のものであると考えられており、まさか「農村」そのものが、今日に見られるがごとくツーリズムの対象となるだろうことは、だれも想定していなかったのではないかと思われる。

第二に、「観光」という言葉が、特に一九七〇年代以降「大規模開発」と結びつけられる傾向があり、「農村の外側」から、「農村」をおそう「開発の波」として、農村や農業を破壊する、マイナスのイメージが付着していたためではないかと思われる。

第三に、日本の農村社会学は、「家」と「村」とを分析の中心概念にすえており、地域社会内部における人間関係や社会関係の分析に、顕著な研究の蓄積があった。これに対し、ツーリズムというのは、地域の外部の人々との人間関係や社会関係を主としてあつかうことになる。閉じられた地域社会の内部の社会構造の分析を得意としてきた従来の農村社会学の研究方法の伝統からは、最も異質な分野に属するものになる。

以上のように、日本の農村社会学、特に戦後の農村社会学がツーリズムを取り扱ってこなかった背景には、主として三つの理由があったと思われる。しかし、現在では、ツーリズムを農村社会の研究の分野においてもとりあげる必要が出てきていると思われる。特に一九八〇年代以降、日本各地で「村おこし運動」がひろがっていったが、その少なくない部分が、ツーリズムと結びついた「村おこし運動」を行なったこと。あるいは、都市と農村との交流という点から、一種の相互乗り入れのツーリズムが出現し、ツーリズムがコミュニケーションのひとつとして見直されはじめていること。また、ごく最近では、ヨーロッパで見られたファームステイが、グリーンツーリズムという形で日本に紹介され（注３）、観光が必ずしも農業破壊型、農村破壊型のものではなくなってきていることがあげられる。

物見遊山と日本の農村社会―日本民俗学からツーリズム

これまで、一般的な農村社会学の研究分野ではツーリズムはどのようにあつかわれていたかという問題を見てきたが、むしろ日本民俗学の村落研究では、現代の農村のツーリズムの問題の基点となるような研究が存在している。たとえば、桜井徳太郎氏の代表作である『講集団の研究（旧名『講集団成立過程の研究』一九六二年）』（一九八六年新版）では、村落社会に見られる社会集団として、「講」がはたしてきた機能の大きさを主張しており、村落社会に見られる「講」を、同族講、契約講、株講、宮座講、報恩講、参拝講、代参講、老年講・同年講、遊山講、寄り合い講、頼母子講、ユイ講、モヤイ講、さらに伊勢講や報恩講、太子講、白山講などの宗教的講などに分けて、分類を行ない、地域社会における講の成立と「沈着」過程を分析している。このなかでは、遊山講や代参講は農村から外に出かける場合のツーリズムの問題をあつかうことになり、伊勢講や白山講における御師のシステムに関しては、山岳地帯周辺域における観光客とそれを受け入れる側のツーリズムの問題を取り扱うことになる（注4）。しかし、桜井も農村社会に見られる社会関係の場として講をあつかっているのであり、分析の力点も農村内部から外部世界へのツーリズムにおかれている。

民俗学者の神崎宣武は、日本の農村社会はいま考えられている以上に、むかし（幕藩体制の時代）から人々が移動する社会であったことを指摘し、日本社会に見られる「物見遊山」の文化的伝統に言及し、その重要性を強調している。

…かつての村落社会では、休日のそうしたつきあいがいま以上に多かったことは事実である。しかし、ここでいう物見遊山に象徴される娯楽的要素もそこに集約するかたちで含まれていた。その行事の実務的な役割（その多くは、輪番制である）を担当する者以外は、物見や遊山を楽しむことができた。それゆえに、山遊びとか野辺遊び、祭り見物とか神楽見物といったのである。（中略）

とくに幕藩体制の下では、農民と女性の旅は厳しく禁じられていた。農民は土地を守り、女性は家を守るのが本分とされたのである。

ところが実際は、庶民は盛んに旅に出た。それは、現存する数多くの「名所記」や「道中記」がよく物語っている。（中略）

…いかなる封建領主といえども、「天下泰平、五穀豊穣」を眼目とする信仰行為については、黙認せざるをえなかったのである。手形も、檀那寺が裏書きする往来手形だけで道中ができた。

だが、一村こぞって、あるいは一家こぞって旅に出ることは許されなかった。また、庶民の財布もそこまでは豊かでなかった。そこで、輪番制や相互扶助からなる代参や講が発達したのである。

（神崎宣武『物見遊山と日本人』）（注5）

農村社会にとって、ツーリズムというのは二つの意味をもってくるものである。一つは農村社会の人々が楽しむ場所としてのツーリズムであり、これは、神崎の表現を借りれば、山遊びや野辺遊びや祭り見物や神楽見物に匹敵するものである。もう一つは、農村社会に外側の社会から楽しみに来る場合で、これはかつての名所旧跡や霊峰、霊山に対するツーリズムと考えればいいだろう。現代では、名所旧跡や霊峰、霊山にかわって、自然環境そのものや農場、博物館、公園、考古学的保全地、伝統家屋などがツーリズムの対象になってきている。

本章では、ツーリズムを農村にとってマイナスの側面としてだけとらえるのではなく、より広い社会現象として、今後の農村の社会にどのように関係していくのかを考察してみたい。

絵本の町の誕生

大島町は、人口八、七〇〇人、富山平野の中央部、富山市と高岡市の間にあり、庄川の河口近くの右岸に位置している（大島町は平成一七年に新湊市、小杉町、大門町、下村と市町村合併し、射水市大島地区になった）（注6）。交通の便がよく、国道八号線、JR北陸本線が、この町を通過している。標高が低く、元来は湿田が多い水稲の単作地帯だったが、現在は、都市近郊農村として、紡績工場や電気工場、自動車修理工場などの工場群や新興住宅地の進出がめざましいところである。特産品としては、ヘチマがある。

大島町は、一九九四年「おおしま絵本館」を設立した。町の中心地からすこしはずれ、県道から数百メートル入った水田と古い集落の側の丘の上に、地上二階地下一階の壁面ガラスの建築物である。絵本館の外から見ても内部の親子連れの姿を見ることができる芝生でおおわれた丘の上に建つ、原色とガラスを多用した細長い建物は、まるで船のように見える。建物の内部も、オープンスペースを壁面で細かく区分し、スペースどうしを廊下と階段で結んで、船のような構造になっている。地下には小さな劇場があり、一階は一万冊の絵本を備えた開架式の「ライブラリー」になっている。このライブラリーは、大島町以外の住民でも自由に利用することができるが、絵本を借り出すことはできない。二階部には、紙を切ったり貼ったりして絵本が作れる作業室や、コンピューターを六台そろえたCD室がある。

大島町は、絵本館の創設から「えほんのまち」づくりを開始したわけではなかった。大島町は、まずソフト面から「えほんのまち」づくりを行ない、四年たって初めて絵本館の本体となる建物をつくりあげている。大島町が最初に絵本の町づくりを構想したのは、大島町開町百年を記念として、一九八八年に「おおしまふるさとえほん」が出版されたことによる。これを手がかりに、特にこれといった特産品もなく、町の中心となるような祭りや行事もない大島町に、地域づくり、町づくりの中心概念として「絵本」がとりあげられ、「えほんのまち」となることによって、地域へのアイデンティティの形成を図ることになった。一九九〇年のことである（注7）。

おおしま絵本館の遠景。
田んぼの中の大きな船のような建物

最初に試みられたのは、「おおしま絵本会議」である。一九九一年に「えほんから未来の町づくり」というタイトルで開催され、以降毎年開催されて、出席者も絵本作家をはじめ、国内国外から絵本にかかわる多くの人々を招いてパネルディスカッションを行なっている。同じ一九九一年、大島中央公民館で「えほん創作教室」が開かれ、町内の子供たちに、まんが作家や切り絵作家、幼稚園の先生を講師にして、子供たち自身で絵本を作るという教室を開いている。「おおしま絵本創作教室」は一年間に六回ほど開かれ、現在まで続いている。子供の教育の場としての絵本教室が地道に続いていく中で、こうした活動を広く紹介する広報紙が一九九二年から登場する。「OSHIMAMACHI絵本通信」である。一年に四回、一九九六年までにすでに一三号が発行されている。この雑誌は、B5カラー版二四ページで、「おおしま絵本会議」や「おおしま絵本創作教室」の活動を載せるとともに、日本全国の絵本館をひとつずつ探訪して紹介したり、各地の絵本館の展覧会の情報を載せるなど、全国の絵本館の情報雑誌としての役割をはたしている。「OSHIMAMACHI絵本通信」の発刊に際して、大島町は「絵本通信友の会」を結成し、講読会員を確保するとともに、大島町の絵本による町おこしのファンをつくりだしていったことになる（注8）。ハードの文化装置としての「おおしま絵本館」は、こうした地道な実績の積み重ねの上に、一九九四年になってようやく建てられたものである。

「おおしま絵本館」が新設されたことにより、これまで大島中央公民館や大島社会福祉センターで行なわれていた絵本文化活動は、すべて「おおしま絵本館」で行なわれるようになり、さらに活動の幅を広げつつある。たとえば、一九九四年より「第1回手づくり絵本コンクール」が開催され、これには全国から八〇七点の手づくり絵本が応募した。絵本の原画展がほぼ毎月、作家をかえて行なわれており、コンサートや人形劇の上演も絵本館で行なわれている。ちなみに、この絵本館からは、「コロ・アルカディア」という合唱団（おおしま絵本合唱団）が結成されており、地元のクリスマスのコンサートなどに出演している（注9）。

おおしま絵本館の活動は、農村の文化装置の組織と運営という意味では、たいへん特色あるものである。ハード面が整っても、ソフトの側面をもたないがために、美術館や博物館などの文化装置が機能していない場合が少なくない。おおしま絵本館の場合はソフト面の活動を積み重ねることによって、ハード面の装置がうまく機能した例だと思われる。富山県においてもそれほど知られていなかった、「へちまの町大島町」は、絵本館の活動を通じて「えほんのまち　おおしま」として知られるようになり、また町民自身も、自分たちの町に対するアイデンティティの形成に成功しつつある。

農村における文化装置とその運営

一九八〇年代から一九九〇年代にかけて、日本全国に数多くの文化施設が建った。そのうちのかなりの部分が、地域おこし、町おこしと結びついたかたちで建設された。これらの文化施設は、地域文化の中心的な機能をはたし、地域文化の発信基地として文字どおり文化装置となるはずであった(注10)。しかし、こうした文化施設の多くは、文化装置としてはいまだに機能せず、地域社会のアイデンティティを生み出しえているものの数は、さらに少なくなる。文化施設は、単なるハコモノの施設としてだけ存在しており、文化の発信装置としては存在していないことが多い。これはなにも、農村にかぎったことではない。数多くの都市においても、文化施設は、外側だけ、つまり入れ物だけの存在であり、文化装置としての機能をもっていないことが多い。しかし、逆に、ソフト面での活動がうまく積み重ねられれば、農村にある文化施設が、文化装置として十分に機能していくことになる。富山県のおおしま絵本館の例は、その一つのいい例となっている。何もこれといった特色のなかった大島町が、絵本というキーワードを用いて、日本中の絵本作家や絵本愛好家に知られるようになった。また、多くの絵本作家がこの町を訪れ、この町でさまざまな人々と出会うようになって、大島町を舞台にした人間関係のネットワークができはじめている。本来、絵本とは無縁だった大島町の住民は、大島町という地縁的結びつきだけで組織化されていたわけだが、ここに絵本という媒体ができることによって、地縁とはまったく関わりのない、絵本を愛好する人々の全国的なネットワークのメンバーとなり、またネットワークの中心に位置することになったのである。少し問題を比喩的にいうならば、江戸時代における伊勢講や白山講の代わりを、現代では、「絵本通信友の会」がはたしているのではないだろうか。そうだとすれば、「おおしま絵本創作教室」や「おおしまえほん会議」や「全国手づくり絵本コンクール」は、いわば「えほん講」の活動であり、大島町はかつての伊勢講の御師（講の組織者）の役割をはたしているのだといえそうだ。

農村部においても、文化施設は、さまざまな思惑をもって、またさまざまな機会を利用してつくられてきた。しかし、それを生かすも殺すも、その町の取り組み方しだいである。まず、第一に地元の人々の利用に答えることができるか、という点が分岐点になるだろう。同時に、地縁的組織をこえた人々のネットワークをつくることができるかということも、成否の鍵になる。文化施設がほんものの文化装置になれるかどうかは、文化施設を動かす情熱と、それを実現するだけのノウハウがあるかどうかにかかっている。そのためには、一町村の文化施設が単独でノウハウを蓄積するよりも、文化施設どうしが連携して、文化施設のネットワークをつくることも一つの方法であると考える（注11）。

注

（1）中田実・高橋明善・坂井達朗・岩崎信彦編『リーディングス　日本の社会学6　農村』東京大学出版会、一九八六年

（2）中野三郎「奥多摩町における観光開発」一、二、『ソシオロジカ』一〇—一、二、創価大学、一九八五、一九八六年、鳥越皓之『家と村の社会学　増補版』世界思想社、一九九三年、一七九—一九七ページ

（3）山崎光博・小山善彦・大島順子『グリーン・ツーリズム』家の光協会、一九九三年、および「特集グリーン・ツーリズムの現代的意義と課題」『農業と経済』一九九五—一一、富民協会、一九九五年

（4）桜井徳太郎『桜井徳太郎著作集1　講集団の研究』吉川弘文館、一九八八年、二四六—二七六ページ

（5）神崎宣武『物見遊山と日本人』講談社、一九九一年、一二五—一三一ページ

（6）富山県総務部統計課編『平成五年版　富山県勢要覧』富山県統計課、一九九三年

（7）富山学研究グループ編『富山わがまちここが一番』北日本新聞社、一九九六年、二八六ページ

（8）富山県大島町絵本文化推進対策室『絵本通信』創刊第二号、富山県大島町、一九九二年

（9）富山県大島町絵本文化振興財団『絵本通信』第一三号、富山県大島町絵本文化振興財団、一九九五年

（10）米山俊直は、文化施設と文化装置の違いを次のように述べている。「『装置』は『施設』とは異なって、そこになにかの『たくらみ』が仕掛けられているのが普通である。（中略）問題はその施設にどれだけの『たくらみ』、仕掛けを組み込むか、それをどれだけ装置化するかにあるといえそうである。」、米山俊直「都市のイメージ」サントリー不易流行研究所編『都市のたくらみ・都市の愉しみ―文化装置を考える』日本放送出版協会、一九九六年、二九ページ。また、農村の文化装置という概念については、わたし自身も提出している。末原達郎「文化システムとしての農村と地域社会の再生」農業農村整備二一世紀ビジョン西日本委員会編『中間報告書（平成四年度）』、農業農村整備二一世紀ビジョン西日本委員会、一九九三年

（11）なお、『OSHIMA EHONKAN絵本通信』は、二〇〇八年一〇月に第六八号を発行している。

第5章 富山の焼畑農業

山の世界と焼畑

富山県もまた日本の多くの地域と同様、平野の世界と海の世界と山の世界とに分けることができるだろう。海の世界は、主として漁業や交易を行なう人たちの生活の場であり、農業生産はそれらの生業の補完的役割をはたしてきたにすぎない。いっぽう、平野の世界では、近年にいたるまで、人々は農業生産に主たる生活の基盤をおいてきた。ところが山の世界では、農業生産だけで生活を立てることは、なみたいていのことではなかった。しかも、平野の世界と山の世界では、農業生産の方法も、生産される農作物の種類も決定的に違っていた。いやそれどころか、それぞれの農業生産を基盤にできあがっていた社会のしくみや、伝統行事や民俗文化でさえ、大きく異なっている場合が多かった。

われわれはとかく、農業といえば水田稲作の農業を思いおこしがちである。富山平野や砺波平野に見られるように、視界いっぱいに水田がひろがる光景を見れば、富山県の農業は、昔から水田稲作一辺倒できたのではないかと思うのもむりはない。そのうえ、最近は山間部の農地を見ても、水田ばかりが目につき、それ以外の耕地はごくわずかにすぎない。水田が減ることを憂うことはあっても、山間地に水田以外の農業があったことなど、たどるすべもなさそうに見える。

しかし山の世界では、水田稲作やいわゆる常田のほかに、山の世界に特有の農業があり、それを焼畑といった。富山県の山岳地帯、たとえば東砺波郡、西砺波郡、婦負郡、上新川郡、中新川郡、氷見市の村々の一部には、焼畑の世界がひろがっていた。一九五〇年度の農林業センサスによると、富山県には五、一四二ヘクタールの普通畑があったが、焼畑の面積は二二〇ヘクタールであったと記録されている。同様に、富山県の農家数は八万二、七〇〇戸あったが、そのうち焼畑をもっていた農家は三、八〇〇戸あった。村によって、焼畑面積の多少に差があるが、最も面積比率の高かったのは東砺波郡の利賀村で、普通畑面積九六ヘクタールに対し焼畑面積四九ヘクタールであり、畑地全体の約三分の一をしめていた。また農家数四五三戸のうち三五〇戸（七七%）が、焼畑経営をしていたとされる。

わが国の焼畑は、第二次世界大戦後、急速に少なくなってしまう。戦前の一九三九年に日本全国で七万七、四〇〇ヘクタールあった焼畑が、戦後の一九五〇年には九、五〇〇ヘクタールといっきに八分の一に減少している。さらに一九六〇年以降は、全国規模での農林業センサスから焼畑に関する調査すらも消え去っている。焼畑をともなった山の生活世界が、一九六〇年代を境にほぼ姿を消していったと見られる。

焼畑の特色

焼畑農業は、森林や草地を伐採し、伐採したあとに火入れをして、鍬で耕し、耕地にするという農業である。火を入れて畑を焼くことから、一般に「焼畑」とよばれている。もっとも、富山県では「焼畑」とはよばれずに、「なぎ」とか「あらし」、あるいは「草嶺《そうれい》」とかよんでいたようである。

焼畑農業には水田農業や平地の農業とは、根本的に異なった側面がある。たとえば、焼畑の多くは、山の斜面につくられているので、水田のように平面（テラス）をつくる必要がない。また、焼畑は、化学肥料や金肥の類は一切使用しないので、土壌成分は年々減少していき、やがては作物ができなくなる時がくる。畑を燃やした後の木や草の灰が、わずかに肥料として用いられてはいるが、地力の減少の結果、いつか作物の種類をかえたり、畑の場所を移動したりする必要にせまられる。このように焼畑は、畑の場所を移動するという特色を、必然的にもっことになる。焼畑のことを英語でシフティング・カルティベーション（移動耕作）とよぶのは、このことに由来している。

もちろん焼畑を行なっている村の人々は、だいたい何年たてば作物の成長が悪くなるかを知っているので、何年目にどの作物を植えたらよいか、何年たったら畑を休閑してよそへ移動するか、それぞれの土地で、独特のやり方が決まっているのである。

日本では、ほとんどなくなってしまった焼畑だが、全世界に目を転じてみると、現在でも世界各地で行なわれているポピュラーな農法の一つである。たとえば、アフリカ大陸や南アメリカ大陸、アジアやオセアニアの島嶼部では、農業の多くは焼畑農業で行なわれている。わたし自身も、アフリカの熱帯地方における農耕民の研究を、この二〇年来行なってきているが、アフリカの焼畑もまた、日本の焼畑と同じ共通点をもっている。広大な森林やブッシュを利用した農業である点、あるいは米や小麦といった穀類ではなく、ヒエ、アワ、モロコシといった、一般に「雑穀《ざっこく》」とよばれる作物が主として植えられている点などである。日本の農業の中では、焼畑は山の世界にかぎられた農業であるが、世界的に見ると、焼畑は平地、山間地を問わずに行なわれている、ごく一般的な農業なのである。

利賀村の焼畑

一九五〇年の調査で、富山県で一番焼畑の多かった利賀村（注1）では、どのような方法で行なっていたのだろうか。一九九五年に、富山大学の学生と行なった聞き取り調査の結果から述べてみる。利賀村の焼畑では、自分の土地の一部を焼畑として利用することが多かった。山の斜面の一部、特に草地や、開けて勾配の少ない部分が対象となる。焼畑になる場所は、七月から八月に草を刈っておいて、八月のはじめに焼いた。焼かれた跡にはまず、ソバかカブがまかれた。ソバは一般の畑ではなく、焼畑で栽培されることが多かった。ちなみに一九五〇年の調査によると、利賀村ではソバは三六七戸の農家が四四ヘクタール栽培しており、富山県全体の一割にあたっている。カブは、赤カブで、現在とは異なる長い品種のものも栽培されていたようだ。このように、一年目の焼畑は、ソバとカブが植えられ、一般に「なぎ」もしくは「なぎはた」とよばれていた。利賀村の焼畑は、ここから少し特色が出てくる。二年目には、アワ、ヒエ、「だんごびえ」がまかれて、村人にとっては畑の一種としてとらえられるようになっていたからである。

利賀村の焼畑

アワ、ヒエは作物名そのものである。現在のわれわれにとってはあまり口にすることはなくなったとはいえ、想像はつく。しかし、「だんごびえ」もしくは、その短縮形である「たごびえ」とよばれている作物は、一体なんだろうか。実は、利賀村で「だんごびえ」とよばれていたのは、シコクビエのことである。ヒエは米と混ぜて炊かれて「ひえまま」(ヒエ飯)にして、アワは「あわもち」(アワ餅)にして食べられることが多かったのに対し、シコクビエは団子として食べられることが多かったので、団子用のヒエという意味で、「だんごびえ」とよばれていたと思われる。利賀村では「だんごびえ」のことを、「またびえ」ともよんでいるが、これはシコクビエの穂が四つまたは五つに分かれているので、その形状に由来したものと思われる。

実は、シコクビエという作物は、アフリカのサバンナ地帯が原産の作物である。アフリカでも比較的乾燥した地域の焼畑で作られており、エチオピアでは主食となっている。シコクビエは、アフリカのサバンナ地帯からエチオピア高原を通って、今から三、〇〇〇年ほど前にインドに到達し、インドから東南アジア、中国を経て日本に来たと考えられている。

利賀村では、シコクビエのほかに、キビ、アワ、ヒエの三種類の雑穀が栽培されていたが、これは焼畑だけではなく、一般の畑でも栽培されており、特にヒエに関しては「ひえだ」（稗田）とよばれる特別の田（湿地を利用した田）で栽培されることもあった。

焼畑の三年目の作物は、二種類の作物があった。ひとつはアズキで、アズキを植えたあと、翌年に再び、ヒエ、シコクビエ、アワ、もしくはキビが植えられるという輪作のかたちをとった。いっぽう、もうひとつのやり方としては、三年目の焼畑に桑とコウゾを植えるという方法があった。こちらのやり方では、焼畑から常畑へと年月を経て移行する場合も少なくなかったようだ。

桑は、利賀村で飼われていたカイコ用の飼料となり、コウゾは和紙の原料となった。利賀村は山の村であり、木材の伐採や山の動植物の採集や狩猟、あるいは山間地の平地を利用しての農業が人々の生業であったと考えがちだが、養蚕と和紙作りをぬきにしては、利賀村のかつての生活はなりたたなかったと思われる。

一九五〇年当時、利賀村で桑は二五ヘクタール植えられている。これは、富山県全体の約半分をしめた平村の一一三ヘクタールにつぐ面積である。また、コウゾの栽培も一〇ヘクタールで、平村の三〇ヘクタールにつぐ面積である。利賀村と平村はこの当時、自給的な農業生産とともに、養蚕と和紙作りという商品作物の農業生産を行なっていたことがわかる。焼畑は、こうした桑やコウゾの栽培にも、重要な役割をはたしていたのである。

現在の焼畑

一九九五年七月の聞き取り調査を通して、利賀村では焼畑をしているという農家がほとんどなかった。また、実際に一九九五年に焼畑を切り開いたという人には、ひとりも出会えなかった。もうすっかりあきらめかけて、帰り道についた時、大豆谷の人から、高沼集落で焼畑をやっている人がいると教えてもらうことができた。

高沼集落は「利賀緑の一里塚」の近くのトンネルをこえたところにあり、数戸の農家がひっそりと建っている。その農家のうちの一軒、Nさんの家を訪れた。Nさんは不在で、Nさんの奥さんに焼畑に案内してもらった。Nさんは七〇歳代で、夫婦で農業をしているということだった。Nさんの焼畑は思いもかけず、車がゆきかう国道のすぐ近くの杉林の中にあり、実に小さなものだった。杉林の中ほどに、一〇メートル四方ほど、雑木を伐採した空地が二カ所ならんでいた。傾斜は急で、二〇度から三〇度はあったと思われる。左半分は九四年に切り開かれたところで、カブを植えたがすでに収穫され、今はスギ苗だけが植えられていた。右半分は九五年に切り開いたところで、雑木の伐採がすみ、カブが植えられていた。Nさんは、焼畑のカブは特においしいので、毎年少しずつ焼畑を切り開き、自宅で用いる分と、今は都市に出て行ってしまった友人たちに送る分だけを、楽しみながら栽培しているということだった。

初年目にカブとスギ苗、もしくは二年目にスギ苗という焼畑の栽培様式は、佐々木高明氏の分類によれば、「林業前作農業型」、つまり林業用の森林に移行する過程の焼畑ということになる。こうした過程を経て、利賀村の焼畑の多くは林地へと姿を変えていったのだと思われる。かつてはすべてが焼畑耕地だったという急斜面の谷間の杉林に囲まれて、おそらく利賀村最後の焼畑は、ひっそりと残っていた。

注

(1) 利賀村は、平成一六年に城端町、福光町、福野町、平村、上平村、井波町、井口村と合併し、富山県南砺市利賀村となっている。

第6章　有賀喜左衛門と石神村の変容

はじめに

日本の農村社会学は、その当初から世界の農村社会学や社会人類学の影響を強く受けていた。たとえば、日本の農村社会学の創始者として現在考えられているのは、鈴木栄太郎と有賀喜左衛門の二人であるが、鈴木栄太郎は、アメリカの農村社会学の影響を強く受け、有賀喜左衛門はイギリスの社会人類学やフランスの社会学、人類学の影響を強く受けていたことはよく知られている。

鈴木は日本の農村社会学を体系だて、アメリカには見られない日本独自の「自然村」という概念を追加することによって、アメリカの農村社会学を日本の農村社会学に編成しなおしたが、その功績は、たいへん大きい。しかし、日本の農村社会学が真の意味で自立した研究分野として成立するためには、鈴木の行なった農村社会学の体系化と同時に、現地調査に基づく本格的な農村社会研究が必要だったのである。この役割をはたしたのが有賀喜左衛門であり、調査地となったのが岩手県二戸《にのへ》郡《ぐん》石神《いしがみ》村であった。有賀は当初「石神」という独特の名前をもった集落に興味を抱いた柳田国男の指示で、昭和一〇年にこの地域を訪れている。有賀は石神村の大屋とよばれる大地主の斉藤家の当主と出会い、戸数四〇戸のこの集落の家と家とのつながりを詳しく記録した（注1）。有賀の行なったこの調査を、マリノフスキーやラドクリフ・ブラウンが行なったイギリスの社会人類学の研究法と比べると、多くの共通点といくつかの相違点が存在することがあきらかになる。

最も重要なことは、有賀が石神村の分析を「家（イエ）」というフォーク・タームを用いて分析したところと、「家」と「家」の関係を、生活組織に結びつけて考察しているところにあるとわたしは考える。斎藤家とその別家、分家、名子、作子との間には、さまざまな「給付関係」があった。大屋とそれをとりまく家々との間の関係を「給付関係」としてとらえたところに、日本の農村社会学における有賀の独特の視点があり、家どうしの間の「全体的給付関係」ととらえる考え方そのものが、実はデュルケイムからはじまるフランスの社会学の伝統を受け継いだ視点となっている。さらに、デュルケイムの影響を受け、社会人類学のフィールドワークの方法論を確立したイギリスの人類学者マリノフスキーやラドクリフ・ブラウンの、社会構造に関する考え方を反映しているところにも特徴がある。

当初、有賀はこの石神村に関するモノグラフを、『石神村誌』として出版する予定であった（注2）。しかしこの村誌は結局出版されず、一九三九年に『南部二戸郡石神村に於ける大家族制度と名子制度』という書名で、アチックミューゼアム彙報の一冊として出版されている。その後、有賀は有賀喜左衛門著作集の一冊としてこれを収録するにあたり、一九五八年の調査と一九六六年における調査資料を追加するとともに、書名を『大家族制度と名子制度』に改めている。石神村のモノグラフという側面は、表面的には消え去ってしまったことになる。しかし、この書物で有賀があつかっているのは、石神村だけの資料に限られており、むしろ戦後における調査資料を追加しているという側面からも、石神村のモノグラフ的色彩は強くなっている。このモノグラフの上に、大家族制度への理論的研究を組みたてていったのである。

有賀の研究方法においては、個別社会のモノグラフ的研究が、大家族制度と名子制度との関係を考察する論拠となっていた。大屋と別家や名子をめぐる全体的給付関係とは、実は社会人類学の提出する社会構造の概念分析の方法に近いものである。有賀の方法ではひとつの村の内部において、社会関係の集積が分析されることになる。逆に村の外部との関係は婚姻関係や、労働関係を除き、あまり考慮されないことになる。

有賀喜左衛門にとっての石神村（荒沢村）――戦前における都市・農村関係とその記述

有賀喜左衛門が石神村の村落調査を行なった時（一九三九年）と、二〇〇〇年現在における農村社会とでは、農村社会そのものが大きく異なっている。さまざまな視点から、戦後六〇年間における日本の農村社会の変化を比較することが可能だが、ここでは都市―農村関係という視点から、有賀の行なった石神村（現安代町）の農村社会の変化を取りあげてみることにする。

有賀は、村落分析の中心を村落の内部構造の分析においた。『大家族制度と名子制度』の本文は五〇〇ページをこえているが、村の外部との関係について述べたのは、序の部分の二〇ページにおける調査の実施に関する記述と、荒沢村について概観したわずか一〇ページ分だけである。最初の荒沢村に入村する時の印象を、有賀は次のように表現している。

北上川に沿うた東北本線の沿線からも南から行った者の眼には稲の伸びも悪く、その葉も幾分か黄ばんで、心なしか力ないものに見えた。それでも石神の数日は晴れて、安比川の谷を吹く風も谷に沿うて、南西から北東へと暖気を送るように見えた。それにもかかわらず、(中略)汗のにじむ日はついぞ知ることができなかった。

八月上旬というのに、畑では収穫直前の麦が黄色く枯れて、間作の枝豆の青い葉とまじり合っているのや、人家の裏庭などの梅の木にちょうど熟したばかりのつぶらな実がのぞかれ、(中略)干している家などもあったが、これがこの土地の常の季節であるとしても、見馴れぬ私には季節の後れとしか思わないほどであった。稗畑はもう黒々とした重たげな大きい穂をゆり動かして、この作物の強靭さを示していたが、その黒い拡がりはあたりの緑を燻ませて私の心を重くした。

この頃は田畑の耕作は一段落となって、農事も割合に閑散であり、田畑に働く人の数は少なかった。夏蚕は、上簇期に入りつつあったが、数年つづいた糸価の不況に影響されて、掃立も減少してしまったし、この土地では夏蚕は元来少ないので、これも大した忙しさは見られず、人々はテマ稼ぎに出るものが多く、そうでなければ暇々に藁細工をする位なものであった。どの家にも少なくとも一、二頭は飼っている牛馬も田代平という山の上の共同放牧場に追い上げられて、一〇月までは山の大気の中で気ままな生活を与えられて過ごすのであるから、この時季のどこの家の厩にも牛馬はほとんど見られず、マヤはひっそりとして乾いた敷藁の香が漂うばかりであった。（文字使いは原文のママ）（注3）

有賀は本人自身が、長野県の旧家の出身であり、農村風景の中で成長した。また、東北地方をはじめとして日本各地の農村調査も行なっている。それにもかかわらず、有賀が描いた荒沢村の最初の景観は、人里はなれた活気のない寒村の景観である。生育の悪い稲や麦、稗だけが元気よく生育している記述が、かえって主要農産物には適していない風土を推測させる。人気がなく、閑散とし、主要な産業であるはずの農業も、養蚕をも含めて余りうまくいっていない様子が読み取れる。そこには一見、都市との結びつきを連想させるものはなにもないように思われる。しかし、よく見てみると夏蚕が盛んでない理由には、土地柄だけでなく不況の影響があり、農作業だけでなくどこか別の場所にテマ仕事に出かけていることが読み取れる。このテマ仕事の一つとして北海道やさらには樺太にまでも、当時の荒沢村の人々が「山子稼ぎ」に出かけていたことが、資料からわかる（注4）。

また、第二回目の調査は一転して冬に行なわれており、雪の中での村入りが説明されている。

奥州の中央山脈を越えて日本海から吹く風が、来る日も来る日も多量の雪を伴い、また嵐は山肌や地面の雪を捲き上げて、真白い煙幕に山野といわず、家といわず、すべてを包んでしまった。私の石神へ訪れた一月十一日もそういう日の一つであった。私は花輪線の寒駅荒屋新町から一里の雪道に馬橇を走らせて、この吹雪の中を石神に向かった。この馬橇は斎藤家が特に私のために用意してくれたものであった。しかし座席の上の急ごしらえに掛けたズックの被いは風にはためき、吹雪はその隙間から容赦なく舞い込んで、膝の上に雪を積もらせた。私はその中にうずくまって、斉藤家から用意してもらった毛布に身を包んではいたが、汽車で受けたスチームのほとぼりはたちまちのうちにさめて、それにかわって凍るような寒さが靴をはいた足先から全身に襲いかかってきた。（注5）

おそらくは、六〇年前の東北地方の山間部の農村は、実際にはどこの集落もここに描かれた石神と同じような光景であっただろう。交通手段としては鉄道が中心であり、鉄道の駅から先は、冬場には馬車しか利用できないところが少なくなかった。移動すること自体が困難をともない、厳しい自然に対しては耐えることだけが要求されていた。こちらの方も、荒沢村と都市とを結びつけるような手がかりはない。有賀はあくまでも、外部世界から荒沢村の石神の内部世界へと移動していくのである。結果的に有賀の記述は、吹雪の中に孤立した村落へ移動するところから始まり、石神という孤立した小世界へ、外の世界から導入する役割をはたしていることになる。

一九八〇年代における安代町（旧荒沢村）の変容

ところで、六〇年後の荒沢村（あるいは石神）はどのように変化しているだろうか。有賀が描いた厳しい自然環境の寒村は、五〇年間の間に大きく変化する。まず荒沢村は一九五六年に田山村と合併して、現在の安代町となった。かつての荒沢村の南部地域、これはすなわち荒沢村の中でも「荒屋新町以南の安比川上流地方は地味は痩せている」（注6）と書かれた地域だが、ここに安比高原スキー場という巨大スキー場が設立されることになった。

実際には、一九八〇年頃から測量が始まり、一九八五年前後からホテル等の設備が整いだす。一九八二年には東北自動車道が安代町まで通じ、安代インターチェンジが設置された。安比高原スキー場は、この東北自動車道の開通にともなって訪れるであろう観光客を見込み、巨大レジャー開発事業の一環として行なわれたものである。その後東北自動車道は青森市まで延び、また安代インターから東へ八戸市まで八戸自動車道が延びることになった。現在では、東北自動車道はカーフェリーと連絡し、北海道から仙台、東京にいたる縦貫道路の一部に位置していることになる。

東北自動車道の開通は、安代町の状況を一変させた。もちろん東北自動車道は高架の自動車専用道であり、町の人々の生活空間の中を通っているわけではない。しかし、安代町の町の中から外部に出かけようとすれば、自動車をもっていればすぐに自動車道を使って移動することができる。逆に、町の外側から安代町に来る場合にも、自動車道を通じて町の生活に直結することができる。

現在でも、JR花輪線は鹿角市と好摩との間を結んでおり、盛岡市から約一時間で荒屋新町駅まで到着することになる。ただし、列車の本数は上下それぞれ一日に九本しかない。荒屋新町の駅前は、現在でもそれほど活気のある町並みではない。町の中央を国道二八二号線が通っている。国道は東北自動車道の下側に、町の人々の生活空間と接しており、同時に東北自動車道と結節しながら続いている。

安比高原の巨大リゾート開発

安比高原は、東北自動車道の安代インターから一つ南の松尾八幡平インターチェンジで高速道路を降り、国道二八二号線を一五キロほど北上したところに位置する。この場所は、二戸郡の安代町と岩手郡の松尾村の境界領域にあたる。またJR花輪線だと、安比高原駅で降りる。

安比高原が最初の開発の波に巻き込まれたのは、一九八〇年代である。この時期は日本の高度経済成長の絶頂期と言える。一九八二年の東北自動車道の開通と歩調を合わせるように、一九八一年の末に安比高原スキー場が開設された。開発の主体は、東京に本社のある大企業が中心となり、国の外郭団体、県、町村が加わってつくられた第三セクターであった。この時期は、リフトの数も少なく六基で、プレハブのスキーセンターであった。

もともと、安代町には田山スキー場というスキー場がある。田山は、旧荒沢村と合併して安代町となった旧田山村をさす。ここには古くからスキー場があり、また現在でも、全日本スキー連盟公認のアルペンゲレンデとノーマルヒルのジャンプ台をもつ、小規模ながら上級者向けの安代町営田山スキー場がある。これに対し安代高原スキー場は、田山スキー場とはまったく別の位置にある。東北の大規模リゾート施設の先駆けとしてつくられたものである。安比高原スキー場は、開設の一九八一年から八二年のシーズンに、すでに一二万五、〇〇〇人の入場者を数えている。

翌一九八三年にはリフトをほぼ倍の一一基にし、駐車場も倍の三、〇〇〇台分へと拡大している。このシーズンの入場者数は、二七万一、〇〇〇人であった。

一九八四年には、スキースクールが開講され、東京都の間に直行バスが運行される。

一九八六年にはスキーのリフト数が一八基になり、スキー場に隣接して大型ホテルが一つオープンする。また、ナイター設備が取り付けられ、夜間スキーが可能になった。この年、初めて入場者数が五〇万人をこえた。

一九八七年から一九九一年までは、日本経済のバブルの絶頂期にあたる。安比高原のレジャー施設にも毎年投資がなされ、設備が充実していくとともに、入場者数も増加の一途をたどる。オリンピックの金メダルスキーヤーであるザイラーの設計によりザイラーの名前を冠したコースの設営（一九八七年）、温泉大浴場の開設（一九八八年）、二つの大型ホテルの完成とスノーモービル用ゲレンデの新設（一九九〇年）、二つのホテルの新設（一九九一年）といった投資がなされる。この時期、一九八五年からは ペンション村ができ、土地の分譲販売を行なっている。多くのペンション用の土地は一九八七年までに売却されたようである。現在ペンション村で営業しているペンションは、五〇軒あまりある。この時期に、入場者数は初めて一〇〇万人をこえ（一九八九年）、一九九二年には一五〇万人をこえることになった。

一九八〇年代から一九九〇年にかけての日本経済の異常な投資ブームと好景気の中で、日本列島の各地で行なわれていた開発型のリゾートの典型が、安代町でも行なわれたことになる。しかし、日本のバブル経済はやがて崩壊し、同時に景気は低迷期にはいった。入場者数が一五〇万人をこえた一九九二年以降、スキー場の入場者数も少しずつ減少し始める。三〇基に増えていたリフトの数も、徐々に削減され、同時にクロスカントリー用のスキーコースや子供の託児所を開設するなど、バブル期とは異なったスキー場への変容が試みられる。

安比高原に最も多くの人々が訪れるのは、もちろん冬のスキーシーズンである。安比高原スキー場は入場者数が日本全体でも、単一のスキー場としては三本の指に入る巨大スキー場である。一九九九年の冬季シーズン中の入れ込み人数は一〇〇万人であり、二〇〇〇年当時でも東北最大のスキー場といってもいいだろう。安比高原を訪れるスキー客の多くは、岩手県内や東北地方からだけでない。宿泊客から見ると、むしろより遠い東京をはじめとする関東地方からの客が多く、さらに遠く関西地方からも少なくない人数が訪れている。

都市と農村との距離

安比高原と東京および大阪は、有賀の訪れた時代と違い、現代では予想される以上に近い。東京と大阪の例を一つずつ検証してみよう。まず、東京から安比高原に行く場合である。東京から東北新幹線で盛岡まで二時間半、盛岡駅から列車に合わせて待機している高速バスで、東北自動車道を通り安比高原まで一時間、合計三時間半で東京駅から、安比高原スキー場まで着くことになる。バスや高速道路が事故や通行禁止にならない限り、乗客にとって何の苦労もなければ、自然の威力を実感する過程も経ずに、安代町の山の上にある安比高原までたどり着くことになるのである。

関西地方から出発するスキーツアーの例をとってみよう。この例では、午前一〇時五分伊丹空港発の飛行機で大阪を出発すると午前一一時二五分には、花巻空港に着く。花巻空港から安比エアポートライナーとよばれる高速バスに乗り、東北自動車道を経て約九〇分で安比高原スキー場に着くことになる。大阪の伊丹空港からの所要時間も約三時間、午後一時過ぎには二戸郡安代町の安比高原でスキーができることになる。出発した当日の、午後と夜のほとんどすべての時間を、スキーやスノーボードを楽しめることになる。あるツアーでは、安比高原に四泊することになっており、五日目の午前と午後にもスキーを楽しんだ後、午後五時ごろにスキー場を出発すれば、高速バスで東北自動車道を通り、午後六時五五分に花巻空港から飛行機に乗ると、午後八時三〇分には大阪の伊丹空港まで帰ってこられることになる。このツアーの例では四泊五日のスキーライフが設定されていたが、出発日の午後と夜、あるいは最後の日の午前と午後にも、スキーが楽しめるスケジュールになっている。また、大阪から飛行機で出発すると、東京から列車を利用するよりも早くスキー場に着けることになる。

スキー場を利用する限りにおいて、安代町あるいは安比高原と東京や大阪などの大都市は、たいへん近い距離にあることがわかる。

しかし、生活レベルにおける安代町と東京や大阪などの大都市圏との結びつきはどう変わったのだろうか。安代町の住民は、高速バスを使って、航空機を用いて、大阪や東京に頻繁に出かけて行けるわけではない。それらの手段は、あくまでも都会の側からの安代町への接近法であって、安代町の側からの手段ではない。

もちろん現代では、自動車という手段が最も自由にかつ頻繁に、安代町とその外側の世界とを結ぶ手段になっている。しかし、自動車をもっていなければ、安代町の各集落から安代町の中心部へ、あるいはさらに他町や都市へ向かうには、バスとJRを使うしかない。

有賀喜左衛門が、かつて国鉄（現JR）花輪線から石神に訪れる時に降りた荒屋新町の駅は、現在でも存続している。しかし、今は駅前はあまり賑やかな場所ではない。バスは一日に数本しかなく、駅前には二軒の食堂と一軒のタクシー会社があるにすぎない。駅前通りから二〇〇メートルほど先にある国道沿いにも、農協、食品店、理容室、衣料店、診療所、銀行の支店、郵便局、酒屋などがとびとびに五〇〇メートルほど小さな商店街をつくっているだけである。人通りもほとんどない。公共交通機関はむしろ削減される傾向にある。

安代町の各集落の大部分は、町の中央を貫く幹線道路の国道二八二号線と、五日市集落のところで国道から分岐し、安比川に沿って東へ向かい二戸にいたる主要地方道二戸安代線に沿って点在している。もちろん、こうした主要幹線道には面していない集落もあるが、これらの幹線道路から結ばれた舗装道路が、集落の内部まで続いてきている。たとえば現在の石神集落も二戸安代線から、さらに山側に入った高台にあるが、ここにもかつての旧道が舗装されており、自動車一台が通れるようになっている。

安代町における人々の生活は、こうした集落道から、国道を経て、近隣の市町村へとひろがっていく。県の中心である盛岡市に行くには五〇キロ、一時間あまりで移動が可能である。東京、大阪と結ぶには盛岡から新幹線を使うことになる。安代町から東京に出るには、異なる交通機関間での連絡の悪さがあるが、それでも、六時間で東京に着くことができる。安代町と東京とでは、移動に関しては双方向になっていることがわかる。

巨大リゾートと都市・農村関係

六〇年前と異なり、都市と農村の時間的距離は短くなった。しかし、両者を結ぶ関係そのものは、時間の短さとは異なる質的な違いが見られる。スキー場にくる都市住民は、安代町を「安比高原」としてとらえている。都市から直接スキー場に到着し、その中にあるホテルかペンションに二、三日間泊まり、再び都市へと直行する。都市住民にとって、スキー場は都市の延長線上にある。山全体が、まるでテーマパークのように位置づけられている。テーマパークの周辺が、特に意味をもっていないように、安比高原のある安代町も、スキーを楽しみにきた都市住民にとっては、特に意味をもっていないように思われる。

もし、交通機関がこれほど便利に整備されていなかったら、これらの来訪者も否応なく周辺の人家や道路沿いの商店や駅に、すなわち安代町を構成するさまざまなものに何らかの関わりをもたざるを得なかっただろう。ところが、実際に起きているのは、都市から「直行」できるスキー場であり、テーマパークとしての安比高原スキー場の中だけで生活を送り、ふたたび都市に「直行」して帰っていくシステムである。

安代町の住民にとって、スキー場はホテルの従業員やリフトの管理人やスキー学校のコーチとしての仕事を提供してくれる場である。安比高原にあるペンションの経営者の何割かは、安代町の出身者である。また、利用者の比率としてはわずかだが、スキー場へ通うお客用の民宿も、安代町内にはある。安代町の町民がスキーをしに、スキー場へ出かけることもある。しかし、テーマパークとしての安比高原と、生活空間としての安代町とは、はっきりと別物である。東京や大阪から来た都市住民は安代町での生活を楽しんでいるのではなく、東北随一の「安比高原」スキー場というテーマパークを楽しんでいるのである。

安比高原は、春から夏にかけても、「高原」というテーマパークを提供し、都市住民に「自然を楽しむ」ための企画を立てている。たとえば、六月のツール・ド・盛岡という自転車のロードレース、安比高原写真教室、安比・サマーサウンドという野外ライブ、高原スターウォッチングという星の観察会、あっぴリレーマラソンという家族マラソン大会、ネイチャーハイキングという自然探索会などである。

一年を通じてみると安比高原というリゾートは、必ずしも成功し続けているとはいいがたい。それは、スキー場の設備の縮小化や多様化といった対応手段にも現れてきている。同時にスキーだけでなく、春・夏・秋のそれぞれのシーズンへの客数の分散化が起きていることにも現れている。

一九八〇年代に起きた巨大リゾート開発は、安代町の旧荒沢村の南部地区を安比高原という高原リゾートに置き換えた。その最も大きな原動力となったのは、東北自動車道という高速自動車道の完成である。高速自動車道を利用して都市と農村とを結び、リゾート開発を行なおうという計画が、東京を中心とした大企業と、国の外郭団体、地元自治体によって立ち上げられ、実行に移された。一〇年余りの月日をかけ、安比高原はスキーと高原を売り物にしたリゾートへと変わった。それは、都市住民にとっては、都市の延長としての「高原」というテーマパークの創設であり、農村側にとってはさまざまな収入源や雇用機会を得る機会となった。

だが一九九〇年代からの景気の低迷は、都市の住民の消費の形態を変えつつある。巨大リゾートでの贅沢な出費は自粛され、巨大リゾートやそれを運営する第三セクターは、巨大リゾートとしての役割を、経営的な視点から再考せざるを得ない。安比高原もその例にもれない。

ただ、ここでは巨大リゾート開発を経営の視点からではなく、もう少し広く都市と農村の関係という農村社会学的視点から見ることにしよう。巨大リゾート開発は、「安比高原」といういわばテーマパークを安代町に創り出したが、安代町の生活世界とは切り離されたものであった。ここでは、都市と農村との間にテーマパークとしての別世界が構築されたことになる。短期間で、集中型の、遊びを優先する滞在にとっては、このテーマパーク型の施設を利用した方が、便利で、安く、都合がいい。都市住民の側にとっては、農村にあるということが重要なのではなく、雪質のいいスキー場や高原であることが重要なのである。ここで要求されているのは、「自然」であるが、同時に都会的便利さが充満していることである。安代町は、こうした高原のテーマパークの場所の提供地であるとともに、補給基地ともなっている。

有賀喜左衛門の研究法―インフォーマントとしての大屋

有賀喜左衛門とそのモノグラフにおける村落社会の研究法は、石神村を中心とした社会関係の累積体として表現されたものであった。もちろん、そこには聞き取りと資料の中心となるインフォーマントが存在し、石神村での聞き取りの中心は大屋という開村地主の後継者が実在し、それがインフォーマントとなったことである。大屋を聞き取りの中心としたことで、人間関係の中心にも大屋が位置し、その結果大屋をめぐる人間関係がそのまま石神村の社会関係として提示されたことになる。有賀は給付関係という言葉で表現しているが、その根底には、大屋をめぐる社会関係の累積こそが、すなわち大屋をめぐる給付関係こそが石神村の社会経済関係の中心に位置しているという、有賀なりの確信によって裏づけられていたものと考えられる。

大家を取り巻く人々との間においても、有賀によって聞き取りはなされていたかもしれない。しかし、大屋と名子や作子や召使いといった人々との間には、当時、経済的にも、社会的にも権力関係が存在したことは、疑いがない。たとえ大屋と同格に近い別家であったとしても、大屋との系譜関係や付き合い関係の中で、大屋を中心とした社会関係の累積体という説明を否定することはできなかったと思われるし、また実際そのように解釈していたのかもしれない。

石神村における歴史的資料の多くは大屋の家に残された古文書類であり、これらは大屋を中心とした社会関係の存在と、それを証明する材料として容易に利用されうるものであったであろう。以上のような、石神村のモノグラフに関するわたし自身の疑問と、石神村において抽出された給付関係全体に対する再検証の必要性は、有賀の行なった石神村研究そのものの重要性を、少しも損なうものではない。また、わたしもそのようなことを主張としているのではない。

わたし自身は、以下のように考えている。おそらく一九三九年当時において、大屋を中心とする経済関係や社会関係は、実際に強い力をもっていたであろうし、大屋を中心とした聞き取りと解釈が、石神村の当時の村落構造を理解する上で、たいへん有効であったと思われる。しかしいっぽうで、石神村のモノグラフは大屋を中心に理解されており、名子や作子という人々が、どういう考え方をしていたかについては、触れられていない。あるいは、大屋とは系譜関係をもっていなかった人々についてには、ほとんど記述から消えてしまっている。

実際の研究を推進していく上で、当時の石神村の作子や名子といった人々の中に、適当なインフォーマントや村落構造の解釈を助けてくれる人々はいなかったかもしれない。おそらくは、多くの村の中で石神村の大屋だけが、類まれな親切心と好奇心をもって、有賀のモノグラフ作りを助けてくれたのだと思われる。最初に引用した有賀の冬の村入りには、それをうかがわせる描写が含まれている。

当時の実情から考えれば、またモノグラフを作り上げるという目的から考えれば、大屋を中心とした聞き取りと、大屋を中心とする給付関係の記述は的を射たものであった。しかし、現代の研究史上においては、大屋以外の人々、特に大屋と社会的立場が異なっている名子や作子や召使いや他の家（同族集団としての斎藤家以外）の人々の視点と意見もまた、モノグラフ作りに欠かせないものになってきている。

一つの社会内部における複数の価値観

有賀は石神村の給付関係を分析することによって、石神村という一つの独立した村落世界の全体像を提示しようとしていた。それは有賀が当時読んでいたイギリスの機能主義人類学や社会人類学のもつホーリズムの考え方に、影響を受けたものであったと思われる。ところが現代においては、一つの社会によって共有された単一の世界観や単一の価値観が確固として存在しているとは、考えられなくなってきている。一つの社会の内部には、複数の文化や価値観が同時に存在していることが、カルチュラル・スタディーズをはじめとする最近の諸研究の強く指摘するところである。

もちろんこの場合の、一つの社会という言葉の意味は、一つの民族集団や国家を想定している場合が多い。したがって社会人類学や民族誌学が行なうエスノグラフィーに対しての直接的批判となるのだが、これは一つの地域社会、あるいは一つの農村社会に対して記述されるモノグラフに対しても、同様の問題を提起することになる。

一つの地域社会、一つの農村社会の内部にも、実は二つ以上の価値観や世界観があり、たとえ明示化されていなかったとしても、場合によってはその社会は二つ以上の社会集団や文化によって構成されていることもありうるのである。

より現代的な問題としてとらえてみれば、一つの農村社会が複数の価値観や社会集団に分割され、地域としての一体性は残っているものの、全体としては一つの農村社会としてのまとまりや統率力をもたなくなってしまったという現状がある。さらに、家としての社会的役割と同時に、個人としての社会的役割も重要視されるようになり、結果的に個人の意見や考え方が、農村社会の内部にも反映されるようになってきたことである。

有賀の時代には発言しなかった名子や作子や他家の人々も、現代における状況では発言することができるかもしれない。また、その世界観や価値観が大屋とは異なっていたことがわかったかもしれない。もちろん、六〇年前の石神村の状況に時計を戻すことはできない。また、有賀の『大家族制度と名子制度』が今でも、日本農村社会学史上最高のモノグラフであることにも変わりはない。だが、六〇年後において、もう一度石神村を調査するならば、大屋とは別の、多様な個人のもつ価値観や世界観が抽出できたにちがいない。

「孤立した」農村社会研究から都市・農村関係論へ

一つの地域社会、一つの農村社会が、複数の文化や価値観を内包し、かつて想定されていた「農村社会」がとらえきれなくなっていることを、述べてきた。もしそうであるならば、農村社会の研究法そのものも、現代の実情に対応したものに変わっていく必要があるだろう。

そもそも「一つの農村社会」というものが、どれだけの内実をもって存在しているかという疑問がある。わたしもかつて、石神村とその隣にある中佐井村とは、実際には家並み続きで続いており、石神村を孤立した農村と考えるのではなく、両者の関係をこそ考慮する必要があると指摘した（注7）。現代のように、集落をこえる社会関係、経済関係の方が、集落内部の経済関係や社会関係よりも強い影響をおよぼしている時に、「一つの農村社会」という想定は、想定そのものがフィクションと化してきているのではないだろうか。

たとえばここまでで述べてきたように、石神村は集落として閉じているのではなく、安代町に組み入れられている。行政的に組み入れられているだけでなく、経済生活や日常生活の上でも、実体的にも安代町の中に組み込まれている。さらに、安代町の上を高速自動車道が貫通している。安代町は、高速自動車道を通じて、あるいは町内を通る国道二四二号を通じて、近隣の市町村と結びついており、盛岡市と結びついており、さらに仙台市や東京と結びついているのである。生活レベルにおいても、就業の機会や日用品の購入、農産物の出荷などすべての場合に、安代町はその外部にある都市世界と日常的に結びついている。都市世界から、多くのスキー客がやってきて、安代町の経済の大きな部分を構成しており、そのことは無視できない事実である。有賀の時代と比してさらに、現代の安代町は都市世界とは切り離せなくなっているのである。

それでは、このような現実の農村社会を研究調査し、分析し、記述するには、どのような視点がより必要になってくるだろうか。最も重要な点は、「関係性」の視点から、対象社会を分析することだと考えている。もちろん「関係性」の視点にも、多くのものが含まれている。研究対象となる農村とそれに隣接する都市社会との関係性、あるいは農村とそこから遠く離れた仙台、東京、大阪といった大都市社会との関係性、さらには対象となる農村の人々と研究者自身との関係性をも、最終的には問うことになるだろう。

「孤立した」あるいは「一つの農村社会」のイメージを想定することは、現代の農村社会の実状に合わない。たとえ「一つの農村」を研究対象にするにしても、そこから外部に伸びている結びつきこそが、現実の農村社会を作り上げているといってもいいだろう。もちろん、地域に存在する具体的な場としての農村は依然として残るのであり、場としての農村に基づく人間関係もまた今後とも存続するであろう。むしろ、どのような社会関係が場としての農村に残り続けていくのか、あるいはどのような社会関係を残し続けるための装置が、地域社会の存続について必要であるのかを、分析する研究が進むにちがいない。

農村社会の問題は、都市との関係性の中から考察する必要があり、同時に農村社会の社会調査もまた都市との関係性の視点から行なわなければならないと述べた。具体的に述べてみると、石神村や安代町を考察する場合においても、安代町を安比高原スキー場と切り離して考えるわけにはいかない。スキー場は、都市・農村関係が集約的に現れてくる場である。しかし、農村社会学においてスキー場は、分析の中心的な対象としてあつかわれてこなかった。おそらく、農業や山林業など他の第一次産業の分析こそが、農村社会学の分析の中心にふさわしいと暗黙裡に考えられていたからではなかったろうか。しかし現在では、農村社会が存続するための条件としては、農業に依存するだけでなく、第二次産業や第三次産業である工業やサービス業といった他の産業との結びつきを考えることこそが必須条件になりつつある。

たとえば、日本の山間地の農山村においてスキー場がはたしている役割は、現実に考えられている以上に大きなものがある。村人の中には、スキー場のリフト係や、スキー学校の講師や、飲食店の経営や、アルバイト、民宿の経営などによって生計をたてている人々が少なくない。また、スキーでやってきた都会の人々との出会いが、経済面だけでなく社会的にも文化的にも影響を与えていることが少なくない。また、スキー場や高原リゾートと農村との関係は、自然環境と農村社会の存続との関係を模索する時にも重要なテーマである。

都市・農村関係論と農村研究の変容

最近一〇年から二〇年ほどの間に、グリーンツーリズムについては、地域経済研究や農林経済学の分野の一つとして定着してきたが、スキー場や高原リゾートを、グリーンツーリズムとしてだけでなく、都市との関係性の問題として、取り上げる必要があるだろう。

有賀喜左衛門の石神村（安代町）は、たまたま全国六〇〇カ所あまりもあるスキー場の中で、特に大きなものの一つが近くに開発された例であるが、これほど大きな規模のものでなくてもスキー場が近くにできた山村の例は、たとえば宮本常一の研究している石徹白においても同様に見られることであり、特殊なことではなくむしろごく普通のことである。

フランスの農村社会学においては、フランスの山村政策の影響もあり、スキー場や夏のバカンスにおける高原型の山村滞在は、現在では農業と並ぶ農家の重要な副業として欠くことのできない研究対象となっている。

しかし、日本の滞在型の施設の多くは、ヨーロッパとは大きく異なっており、安代町に見られたように、大規模施設開発型のリゾートが中心である。このような施設が地元の経済や社会におよぼす影響も、最近徐々にあきらかになりつつある。また都市世界から農山村にやってくる人々の楽しみ方も、日本とヨーロッパとでは異なっている。日本ではヨーロッパのように、三週間から一か月にもおよぶ長期の休暇をとることができない。滞在期間が二、三日からせいぜい一週間と短いために、お金をかけてもめいっぱいに楽しもうとする、短期集中型の休暇の過ごし方が主流である。このためには、大規模施設型のリゾートの方が適していると思われる。

もっとも、日本における休暇の過ごし方にも変化が見られる。都会の延長線上をスキー場やレジャー施設に求めるのではなく、農山村や自然の中で過ごすという民宿長期滞在型の休暇へと変わり始めている。またここ数年は、お金をあまり使わない休暇の過ごし方へと移行する傾向にはある。いっぽうで、日本社会の会社組織の中で長期の休暇をとるという習慣が、まだ現実になっていないことも事実である。

今後は、日本社会や経済に構造変革が起きてくると思われる。その時、人々のライフスタイルそのものが、変化をしていくだろう。都市世界の人々は、農山村世界に何を求めるのだろうか。今後とも、都市世界の延長だけを求めるとは思えない。また、短期集中型のレジャーが継続するとも思えない。農山村世界の人々も、大型リゾート開発の利点と欠点とを知ったことだろう。それでは、どのように自らの社会や環境を存続させ、しかも生計を成り立たせていくか。農山村世界に存在する地域社会として、自らの地域社会を考察し、記述し、再編していく時の材料とすべきであろう。農村社会調査もまた、都市からの（中央からの）研究調査ではなく、自らの手による自らの社会の研究調査へと、変化すべきであろう。この時、農山村社会もまた単独で存立するものではなく、都市世界との関係性の上に成立していることを、自ら認識しておく必要がある。おそらくは、農山村社会調査が自らの必要によって開始される時、外部世界の人々の参加が不可欠になってくるものと思われる。農村社会学は、新しい農村社会学へと大きく変質する可能性がある。それは、家と村の関係の社会学から、地域社会の存続のための社会学への転換である。

注

(1) 有賀喜左衛門『有賀喜左衛門著作集Ⅲ―大家族制度と名子制度』未来社、一九六七年、一九―二〇ページ
(2) 同上、三四ページ
(3) 同上、二二ページ
(4) 岩手県立博物館編『安代町地域綜合調査報告書第１集　安代の民俗』岩手県立博物館、一九八六年、四四―四五ページ
(5) 有賀喜左衛門『有賀喜左衛門著作集Ⅲ―大家族制度と名子制度』未来社、一九六七年、二七ページ
(6) 同上、四五ページ
(7) 末原達郎「農村社会学と文化人類学におけるフィールドワークの方法」中村尚司・広岡博之編『フィールドワークの新技法』日本評論社、二〇〇〇年、五四ページ

第II部

文化としての農業、文明としての食料

文明としてどのように食料問題をとらえるかは、現代日本社会が直面する大きな課題のひとつである。文化としての農業を活かしながら、どのように食料を供給するのか、あるいは食物や食文化の多様性を維持できるのか、そのためにはどのような農業を支えていけばいいのかが、問われる時代になった。

文明として食料を考える必要性は、二つの点から出てきている。ひとつは、われわれの食料が、もはやわれわれの社会の内部からは、実質的に調達できていないことによる。食料の大部分は、外国からの輸入に頼っている。たとえ農村地帯であっても、自分たちの食べ物はスーパーやコンビニエンスストアで買うことが一般的だ。このことは、何をもたらし、何を意味するのだろうか。ある程度の規模をもつ領域国家で、食料の大半を外国に依存しているところなど、存在しない。人々の生命と生活の安全を確保する装置であるはずの文明として、このことを考える必要があるだろう。

第二の点は、現代日本社会が都市文明化している点である。この点については、農学や農業経済学の研究の場では、あまり論じられてこなかった。しかし、実際には、日本の農村社会の多くは、かつて考えられていた、都市と対立するような農村の概念からは、ほど遠い。日本中どこへ行っても、都市的世界と都市的生活様式がひろがっている。

第Ⅱ部では、このような都市文明社会の中で、農業の問題と食料の問題を考えていこうとした論考を集めている。特に、都市世界のひとつの典型例として、京都をとりあげることにした。京都という、古代から続く都市的世界と食料生産との関係は、西洋的な都市と食料生産との関係とは、また別のものを提示しうると、考えたからである。

第7章 「美しい農村」とは何か

生産の場としての農村とその美しさ

農村を見る眼は、しばしば都市を見る眼と比較される。日本の農村もまた都市との比較の上で方向づけがなされてきた。

特に第二次世界大戦直後の一時期、人々は都市にあふれるよりも、むしろ農村にあふれた。都市は市場交換の場として機能し、あらゆる物資が集まった。いっぽう農村は、食料の生産の場としての機能をはたしていた。開拓農村をその筆頭として、土地は最大限に開墾され、食料生産の場としての農地は広げられていった。

この時代、農業はむしろ、自然や環境との対立的存在であり、人々は、自然や環境を人間のコントロールできる人工的な空間へと変えることに、情熱を傾けたといえるだろう。

森林を切り開き、斜面を平らにし、石を積み、水路を作り、さらには自分たちの家と田畑を、自然の中に確固たるものとして確立することこそ、農業を行なうことの基本であり、農家の生活の本質であった。またこの時代、手をかけて育てられ、収穫された農作物や畜産物は、そのまま家族の空腹を満たすことにもつながっていた。ちなみに、戦争直後のこの時代、一九四五年（昭和二〇）に二〇歳だった人々は、二〇一〇年に八五歳になり、一九五〇年（昭和二五）に一五歳で農業を始めた人々は、二〇一〇年に七五歳になる。

一九四五年から一九五〇年代にかけて、おそらく日本の歴史の中でも、最大の人口が農業生産に従事していたこの時期、農村は人々の生活様式としての農業とそれに基づく生活空間として固定していた。もし農村が美しいとすれば、それは生産の場としての美しさであった。

農業にとって最も重要だったことは、それぞれの農作物の生産量を増加させることであり、もしそれが可能ならば、農薬を用いて害虫を防ぎ、病気を防ぎ、あるいは肥料を与えて、収穫量を増加させた。

この時代、米は日本農業の中心に位置していたが、それでも小麦や大麦などの裏作物も作られており、大豆などの豆類も畑や畦畔に植えられていた。農村は、活気にあふれ、何よりも多くの人々が住んでいた。

農地改革によって、日本の農村は小規模自作農を中心とした農業と農村に再編成されていったが、このことは小規模自作農が自分の力で自分の農地を管理し、経営し、生産量を増加させることにより、自分の利益を増大させることにも直結していた。世界的にも稀に見るほど手入れが行き届いた日本の水田の美しさは、このように人間の労働力を大量に投入することにより、成立していたものであった。

しかしこの時期、外からの目は別として、日本の農村を美しいと考えた人々が、どれほど存在しただろうか。たとえ美しいと考え、感じていたとしても、それは人の手の行き届いた水田に対してであり、あるいは黄金色に稔った稲穂の波の美しさに対してではなかったか。そこには生産の視点からの、豊かさと美しさが存在していたのではないだろうか。

生活の場としての農村とその近代化

ところが農村に住む人々自身は、この時代、農村の美しさよりもむしろその不便さの方に、目が向いていたと思われる。細く曲がった道路をいかに広く真っ直ぐにし、土ぼこりのたつデコボコな道路を、なんとか舗装できないものか。あるいは、土間に続く暗くて寒い台所を、なんとかガスコンロのある板張りの明るい台所に変えられないのか。農村においても都市と同様、生活の近代化が強く推し進められていった。生活の近代化というのは、とりもなおさず、日本の伝統的な様式とは異なるものへの変化であり、西洋風のもの、あるいは都市的なものの導入の過程でもあった。

この時期の美しい農村とは、むしろ伝統的な農村ではないもの、都市的なものが、目標にされていたように考えられる。たとえば生活改善運動は、農村の家庭環境と女性たちの生活環境を、具体的に徐々に変革していく。かまどやクドからプロパンガスのガスがまへの転換、土間から板の間への転換、流しからキッチンへの転換。古く、暗いものに対し、新しく、明るいものが好まれ、美しい農村とは、「新しい」、「明るい」農村と同義語になっていたのではないだろうか。

その背景には、いっぽうで都市自体の急速な近代化が始まっており、農村は都市に比べると、近代化のスピードが遅れていたと意識されていたことによる。農村は、それゆえに都市の近代化の後追いをするようになる。都市の路地が舗装されたことに対応して、農村の小さな道路までもが、やがて拡張され舗装されていくようになる。

昭和三六年（一九六一）に成立した農業基本法では、人々の食料を確保するという視点よりも、農家の所得の向上をめざし、農家の収入が都市の勤労者なみの収入に追いつくことが目標とされるようになった。このことは同時に、生活面および経済面において、農村が都市と対等の位置にたつことをめざしたことに他ならない。しかし実際にこのことを実現するために、農家の大黒柱は出稼ぎ労働者として、農家の子供たちは新規の就業者として、多くの労働人口が農村から都市へと流出することになった。

農村における労働力の不足は、農業機械や除草剤による省力化によって穴埋めされていった。もはや農耕用の牛や馬は存在せず、代わりに小型の耕運機やトラクターが、水田の作業の中心になっていった。農家の長男たちの多くは、たとえ農村に残っていたとしても兼業に出かけ、実際の農作業の中心は老人たちや妻たちが担っていくことになった。この時代、機械化と兼業化とは同時に進行していったことになる。

昭和四〇年代以降は、農村ではさらに道路工事や公共工事が本格的に行なわれだした。日本中のいたるところで土木工事が行なわれ、農家の労働力はこれらの土木工事にも向けられた。道幅は拡張し、農村の景観は一変していく。土地改良事業や基盤整備事業もますます本格化し、しだいに現在の農村で見られるような用排水路の整備とコンクリート化、農地の交換分合による一筆ごとの耕地の拡大と方形化などが、行なわれてくるようになる。農村の景観は、農産物を生産する場として近代的に整備されたわけである。たとえ生育している農産物は同じように見えたとしても、その内側の生産構造は一変していたことになる。用水路と排水路は分けられ、河川と水路はコンクリートで結ばれ、一筆一筆の耕地はコンクリートで囲まれた。

これらの過程はまさしく、近代化の象徴でもあり、都市的景観への農村の適応でもあった。三面をコンクリート張りにされた水路は、どこでも、どの時期でも、同じ空間としてあり続ける必要があった。近代というものは、このような画一性を内部に秘めているものである。都市からの道路は、どこかで切断されることもなく、農村へと続き、農村の内部を突き抜け、さらには田畑をも貫きとおして、やがて別の都市へとつながっていった。都市的景観は、その延長線上に農村をも包み込み、農村の基盤を根底から変えていったことになる。

都市から見た農村の美しさ

しかし、これとはまったく別の視点、都市から見た農村の美しさという視点が、実は同じ昭和四〇年代ごろから育ってくることになる。農村の近代化を達成するための工事や事業が本格化してきたその時代に、近代化とは逆の視点から、農村の美しさが見直されようとしていた。近代とは、不思議な構造をもつものである。近代化の内部から、近代化そのものとは別の視点が生まれてくる。実はそのこと自体が、近代化の過程そのものでもあるのだが。

都市の住民にとっては、美しい農村とは、自然と密着した田園であり、漁村であり、山村であった。このような視線からは、かやぶきの屋根は、素朴で伝統的な、農家の形態として、最も美しいもののひとつに数えられた。かつては、不便で、暗く、そのうえ改築には手間がかかると忌避されていたものが、別の価値をもって再評価されだしたのである。同じことは、水路や河川、田畑、あるいは農作業にまで及ぶことになる。都市の住民にとっては、農村には都市とは異なる景観と環境とを求めることになる。農村には都市とは異なって、コンクリートに覆われていない自然があり、植物や動物が身近に生きている世界がある。このように農村は、都市との対比の上で理想化され、現実の農村とは異なった世界として像が結ばれる。これを仮に、都市からの回帰の視線とよんでおこう。

都市からの回帰の視線は、なにも日本独自で起きてきたことではない。イギリスであれ、フランスであれ、イタリアであれ、はやばやと近代化を達成した国々では、いずれの国々も何らかの形で、農村に対しては都市からの回帰の視線が向けられることになる。典型的な例はイギリスである。イギリスでは都市で成功した後、農村もしくは田園に住むことを最大の楽しみとしている人々が少なくない。同じことは、フランスでも見られる。フランスでは、人口の大都市部への集中は峠をこえ、むしろ地方都市や農村部に居住する人々が増加しつつある。また、古い農家を改造し、大都市とは別のところで人生を過ごそうという人々が増えてきている。

しかし多くの場合、これら外国の例も同様に、都市からの回帰の視線は、農村に自然と安らぎを求める傾向にある。また、農業そのものをも、自然との延長線上でとらえる傾向にある。しかし、実際には近代の農業は、むしろ自然との対立や戦いであった側面が強い。

都市からの視線と、農業の論理との対立

近代の農業では、人間が自然をいかにコントロールし、自然からの影響を少なくして、着実にかついかに効率良く生産をあげられるかという点を重視してきた。もちろん農業そのものが、自然の助けを借りることなしには、農産物を生育させえないことは、理解されてはいたのだが。それでもなお、自然の変動に対してできるだけ人間の介入できる部分を増やすことで、対抗措置が取られていたことになる。

おそらく近代農業にとって最も望ましいことは、一時的な大量の農産物の獲得ではなくて、予想された量の農産物の増加であった。言葉を換えれば、近代農業では「豊作」が期待されていたのではなく、「安定」した収穫量の連続的「増加」こそが、最も期待されていたことになる。何世紀もの間、多様な作物を多様な自然条件の中で育て上げてきた農業は、近代農業の中にあって、「安定」した収穫量の連続的「増加」をあげるために、画一化した農作物を画一化した環境の中

で育むことこそ、最大の手段であることを確認していったのである。二〇世紀においては、農業そのものが工業化し、生産力主義化する傾向をもち続けてきたことについては、すでに何人かの論者が指摘したとおりである（注1）。

農業の単一化、画一化の過程は、さまざまなところに見られる。たとえば、多様な作物が重層的に作付けられている田畑は、単一の作物が一作だけ行なわれる体系へと変化させられていった。かつては裏作を通じて田畑の土地利用率は一〇〇%をこえていたが、現在では最大でも一〇〇%、一般的にはそれを下回る利用率へと転換している。裏作が行なわれない水田への変化である（注2）。

しかも、日本における機械化の過程は、農業そのものの個別化分断化と結びついていた。一九六〇年代まで日本の農業を支えてきた、結《ゆい》や共同労働は、農業の機械化によってほとんど行なわれなくなった。機械は小型化し、集団ではなくて農家ごとに所有されることにより、農家は他農家の手助けを受けることなく、自分の家だけで農業を続けることが可能になっていった。農家から主要な労働力が他産業に移っていくことと同時に、その穴埋めを小型化した機械が補うことによって、農作業が個々の農家の内部で完結していき、集落全体で農業に関わる割合は減少していくことになる。農村が一まとまりのものとして、地域環境を管理していく割合は減っていったことになる。それでも、日本の多くの農家は農業を続けることによって、美しい農村を維持してきた。画一化され、単一化され、機械化され、個別分断化されていたが、農地と地域の管理は行なわれ続けてきた。

農村にとっての「美しい農村」

しかし、それが現在、危機に直面している。地域どころか、自分の農地の管理もおぼつかない農家が増えてきたからである。この第一の原因は、農業を担ってきた人々の高齢化にある。一九五〇年（昭和二五）に中学を卒業して農業を開始した人々が、二〇一〇年に七五歳になると先に書いた。この世代、すなわち昭和ヒトケタとよばれる、日本の戦後の農業を引っ張ってきた世代の人々が、いよいよ農業を続けたくても身体がいうことをきかなかったり、農業機械が買い換えられなかったり、さまざまな理由で、農業の第一線から退こうとしている。その場合、これらの人々の耕し続けてきた農地は、いったいだれが継承して管理するのだろうか。美しい農村は、たちまちのうちに、美しくない、荒れ果てた農村へと変化しうることになる。

都市からの視線は、農業に生産の効率や農産物価格以外の側面の重要性を指摘した。同様の視点は、農村から一度都市に出て戻ってきた人々や、新しく農村に入ってきた人々にも共有されている場合が少なくない。また農村に住み続ける人々にとっても、都市からの視線をもつ人々も増えてきている。しかし、それでもなお、農業生産の論理と美しさを求める論理とは、なかなか一致するとはいい難い。

もう少し掘り下げて考えれば、農業から引退した人々は、いったい何をして暮らしていくのだろうか。「美しい農村」という言葉の中身は、農村に住む人々の充実した人生を含みこむものではなかろうか。表面上は美しいだけでも、そこでの生活が満たされず、生きるに値しないと考えるようでは、美しい農村とは言えないだろう。農業研究は、しばしば農業の側面からのみ農業者を見てきた。農業を止めた後のことについては、思いをいたらせてこなかったのである。当然ながら、研究も多くはなされてこなかった（注3）。しかし、高齢となって農業を止めた後でも、その人の人生は続くのであり、地域社会の中で人々は生き続けていくのである。農業の視点からではなく、農村という視点から見ると、このことは大変重要な問題である。地域社会の中で、どのように生き、どのように人生の場を求め、生活をまっとうすることができるかどうか。もし、農業だけの視点から見ているとすれば、農業を止めた時点で、これらの人々の生活と人生は視野に入ってこないことになる。

地域社会における人の人生という視点に立てば、このことはもっとよく理解されるだろう。ある土地で生まれ、山々や田畑を見て育ち、その土地で農業をし、やがて老人となり農業を止める。もし、社会そのものが変動していなかったならば、子供や孫たちが農業に従事し、自分たちは隠居をして暮らすということになる。現代でも、世界中にそのような社会はいくつもある。

しかし日本では、ヨーロッパの多くの国と同様に、そうはならなかった。子供たちは、その土地を離れるか、あるいは他の職業につくかして、農業の後継ぎをもたないまま、隠居の年を迎えようとしている。これまでは、本人たちが自分の意思で農業を続けることによって、問題は先のばしにされてきた。しかし、その先のばしも、いよいよ限界に近づいてきている。さて、それではその後の農業をどうするのか、というのがこれまでの議論であった。しかし重要なのは、そこに生きる人間と地域社会はどうなるのか、ということではないのか、というのがわたしの問題提起である。

たとえば集落営農によって、地域全体の農地の運営と管理をしているところがある。老人家族に代わって、その地域のより若い年齢層が、農業と農地の管理を肩代わりしていることになる。こうした肩代わりは多くの場合、採算ベースには合わないものである。さらに、集落営農を通じて培ったネットワークで、地域全体で介護のしくみを立ち上げようとしているところがある。こうした試みは、農業から出発しているが、それをこえた新しい人間と地域社会との関係を模索していると考えたらいいだろう。

「美しい農村」という言葉は、表面上は軽やかで明るい言葉のように見える。しかし、その中身は深くて、多くのものが詰まっている。われわれが経験してきた戦後の農業の変遷や、都市と農村との関係、近代化の意味、あるいは農業における自然と人間との関係までもが集積されて、この言葉の中に込められている。

美しい農村というのは、農地や景観の管理ばかりが美しいのではない。美しい農村とは本来、そこに生きる人々の生活と人生が、危機にさらされても放置されず、結果として美しい農村景観が維持されている状態をさすのではないだろうか。そのための長期の施策が、今必要とされている。人間の住まなくなった「美しい農村」など、存在しないからである。

注

（１）最近では、たとえば池上甲一「日本農村の変容と『二〇世紀システム』―農村研究再発見のための試論」日本村落研究学会編『年報村落社会研究　第三六集　日本農村の「二〇世紀システム」―生産力主義を超えて』農山漁村文化協会、二〇〇〇年、八―五三ページ、立川雅司「日本における二〇世紀農業食料システムとフォーディズム」同上書、五六―八三ページ、等がある。

（２）たとえば、大原興太郎「日本の農村―五〇年間をみすえて―安濃町」『農業と経済』二〇〇三年一二月号、昭和堂、八九ページ

（３）農村における高齢者研究の例としては、日本村落研究学会編『年報村落社会研究　第三五集　高齢化時代を拓く農村福祉』農山漁村文化協会、一九九九年、収録の諸論文や、相川良彦『農村にみる高齢者介護―在宅介護の実態と地域福祉の展開』川島書店、二〇〇〇年などがある。

第8章

文明としての食料生産

日本社会の崩壊の危機

日本の社会が、さまざまな面で崩壊しつつある。二一世紀の最初の一〇年は、日本の社会が崩壊の危機に直面している時代の幕開けでもあった。日本の社会が崩壊しはじめている現象は、現在のところ、ごく限られた側面にしか見つけることができない。表面は未だ美しく塗り固められているが、内部の構造的ひずみは大きい。

たとえば二〇〇六年に噴出してきた年金問題は、年金制度だけではなく、高齢者社会における社会制度全体の崩壊の問題を、表出している。限界集落の問題は、農業問題であると同時に、都市文明における地域社会全体の崩壊の問題を、表出していると見ることができるだろう。さまざまな制度における問題の噴出は、その背景にある日本社会全体の問題をトータルに把握し、思考しなければならない時代に入ったことを示している。

実は、食料問題も、そのひとつである。現在起きている農業問題も、食料自給の問題も、今に始まった問題ではない。短く見積もっても戦後六五年、すなわち第二次世界大戦後から現在までずっと続いてきたものの見方や、それに支えられてきた社会のあり方がつくりだしてきた問題群なのである。食料問題、農業問題、地域社会問題、高齢化問題と分断して考えるのではなく、全体としての社会のあり方を、もう一度全体としてとらえ直してみるというのが、本章の課題である。

これらの問題群は、空間的には日本の領域をはるかにこえ、世界のさまざまな地域と直接的・間接的に結びついている。第二次世界大戦後、世界にひろがった貿易網と輸送手段は、世界の産品を短時間のうちに日本の食卓へと運び込む。同時に、日本産のコンピューターを、アフリカや南アメリカの熱帯雨林の開発都市のネット・カフェーに運び込み、パン一個と同じ価格で一時間のコミュニケーションをすることを保証する。日本の社会が抱える問題群は、これら世界規模での交易上の影響を受けており、同時に世界の各地域に対しても影響を与え続けている。日本の社会の問題群は、日本の内部の問題としてではなく、世界全体との関係性の中で解き明かすことを試みなければ、何も見えてこない。

さらに、考えなければならないのは、日本社会が属する世界全体の関係性の網の目と、その歴史的位置づけになる。言葉を換えていうならば、現代という時代そのものが抱えている問題群と、その歴史的位置づけである。現代もしくは近代（いずれも英語ではmodernと表現される）社会は、世界の多くの国々で共通した歴史的局面に位置しており、共通した問題群に直面している。われわれが生きる近代社会が抱えてしまったこうした問題群が、なにに由来し、どこに解決の可能性が存在するのかを明らかにすることが必要である。このような規模の大きな問題を、本章では特に食料と農業に着目して、「文明としての食料」という視点から、位置づけることを試みたい。

食料を基軸として見る現代社会

「文明としての食料」という場合の、文明とはいったい何だろうか。文明は、国家という枠組みをこえる存在である。日本の食料生産を考える際に、常に国家という視点からだけで、議論がなされていることにわたしは危うさを感じる。たとえば、食料安全保障や食料自給率という概念そのものが、国家の枠組みによってのみとらえられている。国の機関である農林水産省は、国家を単位とした食料自給率や食料安全保障を考える必要があるが、国民一人一人は、国家という枠組みにだけとらわれていては、本当の意味での、人々の食料確保と生存に関する権利を考えることにはならない。たとえば、日本という国の食料の自給が達成されるということと、個々人に最低限の食料の供給を保障することとは別である。また、市町村や県といった地域社会における食料の供給を保障することとも別である。人々にとって本当に必要なのは、われわれの家族の食料が保障されるかどうかであり、国民一人一人の食料の安全が保障されるかどうかである。

国家という視点のほかに、食料生産を長期的に考える、もうひとつ別の視点が必要であろう。国家、特に近代国家というものは、時には解体し、時には破産することもありうる。たとえばアフリカやアジアの諸国家を見てみれば、あるいはヨーロッパの諸国家の中にさえ、時には解体し、時には分裂し、再建されている例があることがわかる。

しかし、現代日本が取り巻かれている社会的、文化的全体そのものは、そう簡単に解体したり消滅したりしないものである。それを、仮に現代日本文明とよんでおこう。

現代日本文明が直面している食料問題は、われわれの食料と直接結びついている。われわれの食生活は、あきらかに伝統的な日本の食生活とは異なってきている。戦争直後から一九六〇年代まで続いてきた米を主食とし、副食に野菜や魚を添えるという食生活ではなくなってきている。現在の日本食とは、和食と洋食と中華食と他のエスニック料理との混合物である。洋食は和食化され、中華料理も和食化されている。多様な食の料理群は、和食の体系の中に取り込まれ、変形させられることによって、現在の日本食として成立してきている。おそらく、この多様な外国文化の取り込みと変形とが、現代日本文明の食生活上の特色となっていることは間違いない。食生活の構造全体が外国化することと、外国文化そのものを内在化し、自文化の中に取り込むことは、日本文明のもつ基本的な性格である。しかし、そのいっぽうで、外国からの料理群が必要とする多様な食材を、日本の国内だけでなく外国からも調達するためのシステムが存在しないことには、この新しい日本食は成立しえなかったであろう。一九六〇年以降の日本の食生活は、このように外国の食生活の文化的受け入れと、それに対応した食料の生産および食料の輸入システムの設立の両方が、つくりあげたものなのである。

食生活の変化の三つの波

より詳しく見ると、二〇世紀の日本文明は食生活に関して、三度にわたって変形したことになる。第一は、第二次大戦直後である。この時代には、食料を援助によって輸入することが行なわれた。飢えと食料不足に対抗するため、外国産のものであれ、日本文明の食生活において未知の食材であれ、それを取り入れた。特に小麦粉製品と乳製品は多く流入し、人々の生活に身近なものとなった。たとえば、小麦の国内消費量は一九三九年の一二八万トンから、一九五五年の三六二万トンに倍増している。このうち二二四万トンが輸入分である。牛乳および乳製品の国内消費量も一九三九年の三二万トンから一九五五年の一一五万トンに増加している。このうち、輸入分は一二万トンであった。

第二は、一九六〇年代から始まり一九七〇年代、一九八〇年代へと続く農産物の輸入が連続して増大する時代での変形である。たとえば、小麦の輸入量は、一九六〇年の二六六万トンから一九七五年の五七二万トンに増大し続けている（注1）。

いっぽう、牛乳および乳製品の輸入量は、一九六〇年代の二四万トンから一九七五年の一〇二万トンに増大し続けている。

肉類の輸入も、一九六〇年の四万トンから、一九七五年の七〇万トンへと急増している。増加の仕方は異なるが、いずれも一九六〇年代から始まる農産物輸入開始の政策が、日本文明の食生活の構造的変革に大きく寄与したものである。

食生活における第三の変形は、一九八〇年代から二〇〇〇年代の今日まで続いている傾向である。この傾向は、小麦においては、一九八〇年の五五六万トンから二〇〇〇年の五六九万トンにいたるまで、五〇〇万トン台を続けており変化はないが、牛乳および乳製品については、一九八〇年の一四一万トンから二〇〇〇年の三九五万トンへと急増する。肉類も同じ傾向で、一九八〇年の七一万トンから、一九九〇年の一四八万トン、二〇〇〇年の二七六万トンと一〇年おきに倍増している。

水産物と野菜類に関する輸入の傾向は、さらに顕著である。日本の魚介類の輸入量は、一九七〇年代まで国内生産量の一割にも満たなかった。具体的には、一九七〇年における輸入量は七五万トンで国内生産量八七九万トンの一割以下であり、むしろ輸出量九一万トンの方が輸入量よりも上回っていた。魚介類に関して、日本はこの頃まで常に輸出量が輸入量を上回る水産物輸出国であった。ところが一九八〇年代には、この関係は逆転する。一九八五年には、輸入量二二六万トンは輸出量一三六万トンの二倍近くになり、国内生産量一、一四六万トンの二割に達している。この傾向は一九九〇年代を通じてさらに加速し、二〇〇〇年には輸入量五八八万トン、輸出量は二六万トンと水産物輸入大国へ変わった。同時に国内生産量が五七四万トンへと減少したことにともない、輸入量が国内生産量を上まわりはじめた。これ以降、毎年輸入量は国内生産量をこえ続けている。

第三の変形が顕著に現れている、もうひとつ別の分野は野菜類である。野菜の輸入量も、一九七〇年代までは、ごく少量にすぎなかった。たとえば、一九七〇年には輸入量は一〇万トンで、国内生産量一、五一三万トンの一％以下であった。ところが、水産物と同様、一九八〇年代から大きな変化が始まる。一九八五年には、輸入量は八七万トンに急増し、国内生産量の五％をこえ始める。さらに一九九〇年代を通じてこの傾向は顕著になり、二〇〇〇年には輸入量は三〇〇万トン、国内生産量一、三六七万トンの二二％まで増加してきている。野菜類をさらに極端にしたのが果実類で、こちらは一九七〇年には、すでに一一八万トンの輸入量があり、国内生産量五四七万トンの二二％をしめていたのだが、一九八〇年代、一九九〇年代を通じて輸入量は増大し、二〇〇〇年には輸入量四八四万トンと、国内生産量三八五万トンよりはるかに多い。

文明における食料の意味の転換

日本文明における食生活の構造転換は、食の洋食化といった問題とは異なる要素を多く含んでいる。ひとつには農業文明社会が工業文明社会になる時に、共通に起きる転換である。たとえば、野菜や穀物中心の食生活から、肉や畜産物を中心とした食生活への転換である。これは、日本に限らず、中国やインドの一部でも起こっているわけだから、日本的食生活とは別の問題である。ただし、インドや中国やアジア・アフリカの諸国では、国の一部でこのような転換が、社会の分裂をともないながら起こっているにすぎないが、日本では社会が全体として転換していった、という特徴がある。

もうひとつの要素は、日本文明が文明の外部から食料を輸入するという転換である。文明の外部から食料を輸入する場合には、一般的には二つの理由がある。ひとつは、その食料がその文明の内部で生産することができない場合である。工業製品とは異なり、食料は気候、降雨量、土壌などの性質の影響を強く受ける。そのため、文明の内部で生産できない食料品は、その外部から輸入せざるを得ない。古くは胡椒やサトウキビがそうした例であったし、コーヒーやカカオは現在までも続いている例であろう。

これに対し、価格が安いので文明の外部から輸入される食料がある。これは、本来の遠距離交易の商品とは異なる性格をもったものである。国家が異なっても同じ文明圏の内部においては、このような交易は広く行なわれてきた。たとえば、スペインの農産物とイギリスの農産物との交易や、イタリアの農産物とオランダや北ドイツの農産物の交易、あるいはスウェーデンやノルウェーの水産物とイギリスやフランスの交易などである（注2）。

これらは、いずれもヨーロッパの内部において行なわれており、ブローデルをはじめとする多くの経済史家の記述でおなじみのものである。これらは、遠距離交易というよりも、むしろ中距離、近距離交易の例としてとらえるべきものであっただろう。初期の経済学者や経済思想家が、国際貿易の分析の対象として考えていたものにあたる。

遠距離交易品と近距離交易品

しかし、現代社会が直面している問題は、近距離交易で流通していた商品が、遠距離交易でもち込まれていた商品のように、非常に遠くの地域から流入してきている点にある。たとえば、コーヒーやカカオといった商品は、遠距離交易でしか獲得できない商品である。しかし、タマネギやレタス、ブロッコリー、ネギ、ゴボウ、カボチャなどは、日本の中で生産されていた商品である。それにもかかわらず、日本文明の外部からの輸入が、増大してきている。これは、主として文明間の価格差に由来するものになる。

また、文明をこえての遠距離交易品か、文明の内部での近距離交易品か、区別のつかないものも増えてきている。水産物であるが、マグロやカニ、エビ、タコなどは、日本の近海では獲れなくなってきている貴重な水産資源である。それが、遠く世界中から輸入されている。たとえば、タコはその多くが西アフリカのモーリタニアやモロッコから輸入されている。同時に、これらの地域のタコの価格は、日本に比べると安く、日本はタコを輸入し続け、日本文明の食生活の中でのタコの消費量は増大し続けている。その結果、これらの地域での水産資源でさえも枯渇してきている。タコは、かつては日本文明の内部で調達できていたものであるが、今では遠距離交易の交易品となってしまっている。同時に、アフリカ産の価格が安いので、日本での消費量は減少しないまま、アフリカ沖から日本に輸入されているという現実ができあがってしまった。このためには、冷凍保存の技術や輸送のシステムが確立されなければならなかったはずだが、日本文明はタコの消費を減らす方向ではなく、材料の輸入をアフリカまで拡大し、輸送のシステムをつくりあげる方向に動いたということになる。

工業文明と農業文明

現代の文明は、さまざまな言葉で言い表されてきた。たとえば、産業文明、工業文明、情報文明等々である。いずれもが、農業文明でないところに、現代文明の特色がある。

ここで重要なのは、たとえ文明そのものが農業文明ではなくなったとしても、その文明内部の農業は、必ずしもなくならないことである。工業文明の時代になったとしても、農業は存続し続ける。逆に、農業が工業文明や産業文明の基礎を支え続けているということもある。ところが、文明の転換点にのみ注目した見方になると、農業文明が工業文明に移行してしまえば、あたかも文明の中における農業すべてが消滅してしまう、とする考え方になりかねない。実際には、たとえばヨーロッパ文明においても、産業革命以降も、農業は文明の重要な産業として、もしくは生業として存続し続けてきたのである。現代の最も先端的な工業文明においても、農業がなくなることはない。食料の生産そのものが、文明社会の生活の基礎を支えるものであることには、かわりがないからである。

それでは、農業を中心とする文明から工業を中心とする文明への転換で、いったいなにが変わったのだろうか。

ひとつは、農業と食料の担い手が文明の中心の位置からずれてしまった、ということである。

文明の中心には、農業に変わって工業が位置づけられることになった。たとえば日本文明においても、人口にしても、地理的な配置においても、農業は徐々に文明の中心から移動していく。第二次大戦後の六〇年間はまさにそのプロセスであり、このことによって幾度にもわたって日本の社会のしくみの再構成が行なわれていった。

就業人口の変化を見ると、このことがよくわかる。一九五〇年には、農業漁業関連の就業人口は全就業人口の四八％をしめていた。他の産業、すなわち生産・運輸関連職業の就業人口に抜かれたのは、一九六〇年前後である。この時は両者とも、就業人口の三三％をしめていた。一九七〇年代には、生産・運輸関連職業の三七％、事務・技術・管理関係職業の二五％にも抜かれ、農林漁業関連職業は、販売・サービス関連職業と同じ一九％になる。それ以降も、農林漁業関連職業の割合は減少し続ける。一九八〇年には一〇％、二〇〇〇年以降には五％以下になってしまっている。就業人口における農林水産関連職業の役割は、確実に中心から移行していったのである。

市場経済と食料

一九六〇年代から一九七〇年代は、日本が工業製品を海外に向かって大量に販売していく時代でもあった。それは、輸入超過の国から輸出超過の国への転換である。日本文明は二〇世紀に入って以来のほぼすべての期間で、一九一五年（大正四）から一九一九年（大正八）までの四年間と一九三八年（昭和一三）から一九四〇年（昭和一五）までの三年間を除き、常に貿易赤字国であった。それが、一九六〇年代の末（一九六九年）から、急激に貿易黒字国へと転換する。それ以降現在に至るまで、二度にわたるオイル・ショックの時期、すなわち一九七三年から一九七五年までの三年間と一九七九年から一九八〇年の二年間の時期を除き、ほぼ一貫して貿易黒字国であり続けている（注3）。

この転換をなしとげ、貿易黒字を担ったのが工業製品であったし、現在でもそうである。一九七〇年代以前は、輸出用工業製品の中心は鉄鋼が担っていた。一九八〇年代になると、鉄鋼と自動車が担うことになる。一九九〇年代にはこれらに加えて、事務用機械と精密機械が登場する。さらに二〇〇〇年代に入ると、半導体素子や自動車部品などが加わってくる。輸出総額は、一九七〇年の六兆九、五四四億円から一九八〇年の二九兆三、八二五億円、一九九〇年の四一兆四、五六九億円、二〇〇〇年の五一兆六、五四二億円、二〇〇五年の六五兆六、五六五億円へと、増加し続けている。

これと比例して、食料品の輸入額も一貫して増大する。たとえば肉類と魚介類の輸入額の合計は、一九七〇年には一、四六五億円であったものが、一九八〇年には一兆三〇一億円と約一〇倍に、一九九〇年には二兆二、四四六億円、二〇〇五年には二兆六、三七二億円へと、こちらも上昇し続けている。工業製品の輸出の増大と食料品の輸入の増大は、日本文明が農業文明から工業文明へと転換をはたしていった、表裏ふたつの証拠である。

日本文明の農業文明から工業文明への転換は、同時に国際的な市場経済システムに参加することへの転換でもあった。今になってみれば、日本政府の一九六一年の農業基本法の制定は、一九六三年のＧＡＴＴ一一条国、一九六四年のＩＭＦ八条国への移行等と、大きくは同じ目的をもって行なわれたものだと見ることができる。それは、国際市場への日本の工業製品のデビューの時代でもあり、同時に海外の農産物の日本市場へのデビューの時代でもあった。しかし、日本文明が本当の意味での工業文明となったのは、一九八〇年代から一九九〇年以降であり、それまでの二〇年間ないし三〇年間は過渡期であったと、わたしは考えている。

市場経済システムの中に身を投じることは、工業化を促進することができた日本にとっては、いいことずくめだったように思われる。特に、農業文明から工業文明への過渡期にある国においては、労働賃金は国際的に見れば相対的に安くなり、その分、他の工業国よりも優位になる。しかし、労働賃金もやがては、他の先進工業国なみへと上昇することになる。

日本文明の食料基盤

ところで、工業文明へと転換した後も、農業をどのように位置づけていくかは、文明によって異なってくる。北アメリカ文明は、農業を重要な輸出品のひとつとして位置づけているので、現在でも農産物を輸出し続けている。そのための政策も、政治的経済的戦略も、とられてきた。ヨーロッパの各文明は、農業と食料を位置づけるにあたって、一国内部ではなくＥＵ圏を中心とした位置づけを行ない、構想を練ってきた長い歴史がある。それに比べると、日本は外国からの政治的圧力ばかりを問題として対処してきたため、文明としてどのように食料を調達し食料生産を位置づけるかを、後まわしにしてきた。

現在（二〇〇〇年以降）、日本で起きてきている食料需給に関する議論は、実は根底においては、こうした文明としての食料に関する議論であり、この問題を本格的に議論する時代に入ったと思う。

ここでわたしが主張したことのひとつは、日本文明が農業文明から工業文明へと完全に転換したのは、実はわずか二〇年から三〇年前にすぎないという点である。これは、一般に考えられているよりも、ずっと時代的に遅い時期にあたる。工業化と工業文明の開始は、これよりもはるか以前にあったが、社会全体が農業文明でなく工業文明によって編成されきったのは、この時期まで遅れたとわたしは考える。

工業文明は、同時に都市文明でもあった（注4）。地方であれ、農村であれ、漁村であれ、現代都市文明の生活様式が拡大し、定着していった。それは、自分のものは自分で作るとか、目で見てものの中身を確認し、手で触ってそれを確かめ、さらに口で食べて確信するというようなプロセスを、できるだけ省略するような生活の仕方でもあった。外国からの食料は、当初は目に見える形で、ついで加工品や調理品として、都市も農村も同様に、日常生活の内部にまで入ってきた。それは、市場経済システムのもっている本質である、安くかつ便利にという利点をもって、浸透していったのである。

もし、貿易による食料輸入により、常にかつ確実に安全なものが手に入るならば、日本文明の食料の基盤を、外国に依存してみるのもいいかもしれない。しかし、外国において食料不足の研究をすればするほど、食料不足と飢餓は、突然、ある特定の地域に起きてくることがわかる。その多くは、第一に政治的紛争や、戦争、外交関係の決裂などに起因する。これらの条件に、さらに自然災害や異常気象、伝染性の病気などが重なった時に、飢餓や飢饉は起きてくるのである。

アジアであれアフリカであれ、不測時の食料不足をできるだけ避けるために、食料生産の平時の水準をできるだけ増加させようとしている。日本文明という、すなわち都市国家ではないひとつの文明が、文明存続のための食料基盤を外国貿易に委ねるというのは、あきらかに間違いである。グローバリゼーションという名のもとに、文明の生存基盤を崩壊させることは間違っている。

注

（1）以下の数字は、『食料需給表』各年度、農林水産省総合食料局による。ただし、一九六〇年以前の数字は、財団法人矢野恒太記念会編『数字でみる日本の一〇〇年　改訂第５版』矢野恒太記念会、二〇〇六年による。

（2）フェルナン・ブローデル『物質文明・経済・資本主義―一五―一八世紀　Ⅲ―１　世界時間１』みすず書房、一九九六年

（3）数字は、財団法人矢野恒太記念会編『数字でみる日本の一〇〇年　改訂第５版』矢野恒太記念会、二

〇〇六年による。

（4）米山俊直『「日本」とはなにか―文明の時間と文化の時間』人文書館、二〇〇七年

第9章 ブラシカ（アブラナ属）から見る世界

はじめに

ブラシカ（アブラナ属）ほど、多様な使いみちをされている農作物は、他にないのではないだろうか。アブラナ属は、「アブラナ、カブ、ハクサイ、キャベツ、カラシナなど多くの有用植物が含まれ」ており、一年草、二年草、多年草からなる約四〇種類からできている（注1）。

しかし、たとえばダイコンはダイコン属を形成し、アブラナ属に含まれていない。カブとダイコンは、形はよく似ており、アブラナ連を構成している属ではあるが、両者は異なる属である。またそれぞれの属は、三五〇属三、〇〇〇種にのぼるアブラナ科の一部である（注2）。

本章の記述の内容は、あくまでもアブラナ属（ブラシカ）のことであり、アブラナ科全体のことではないと限定しておく。

しかし、それでもアブラナ属は、人間の食物から家畜の餌にいたるまで、あるいはおなじ人間の食料といっても、フランスのポトフやロシアのボルシチの材料から、日本の京都の千枚漬けにいたるまで、じつに多様な利用法がなされている。ここでは、アブラナ属でも特に多様な利用法をされているカブを中心にして、文化としての農業と、文化としての食料の問題を考察してみる。

農耕文化におけるブラシカ

中尾佐助は、「農業起源論」において、ラビ農耕の油料作物として、ムギ畑雑草であったカメリア・サティバ、エルカ・サティバ、シナピス・アルバ、あるいはラファヌス・サティブス、カナビス・サティバとともに、ナタネ類のブラシカ・カンペストリスやセイヨウ・アブラナ（ブラシカ・ナプス）カラシナ（ブラシカ・ジュンセア）をあげている（注3）。

「ラビ」とは、インドのモンスーン明けの乾期を指す用語（注4）である。中尾の論文では乾期に生育する冬作物をあらわす用語として用いることによって、「カリフ」というモンスーン雨期の夏作物と対立させている。ミレットを主作物とする農業（ラビ農耕）とムギを主作物とする農業（カリフ農耕）とを峻別している（注5）。ちなみに、これらラビ農耕、カリフ農耕と対立する概念として出されているのは、ウビ農耕である。「ウビ」という言葉は、インド・マレーシア一帯におけるヤムイモの呼称とされている。ただし、この点に関しては、ひとつの言語的分類の体系の内部での対立を、他の言語的分類の体系における位置づけと並列している点において、わたしには、納得しかねる点がある（注6）。さらに、「新大陸」の農業を「ラビ」「カリフ」「ウビ」の農業と対立させ、「新大陸」の農業については「応用問題」であるとして、「農業起源論」では詳しく触れず後の課題として残している。

論文のオリジナル性、特にその発想の鋭さという点では、中尾の「農業起源論」は突出している。

しかし、この「農業起源論」は、より洗練された形で、よく知られている『栽培植物と農耕の起源』（一九六六年）として、岩波書店より前年に出版されることになる。出版年は逆になっているが、実は論文として完成されたのは、「農業起源論」の方が早く、『栽培植物と農耕の起源』の方が遅い。このことに関しては、中尾の著作集としてまとめられた『中尾佐助著作集　第一巻　農耕の起源と栽培植物』の付記（二二〇ページ）およびその解題（七三一―七三二ページ）に説明がある。

結果として見ると、『栽培植物と農耕の起源』では、「新大陸」農耕がさらに充実され、他の農耕文化に関してもより整理され、内容的にも多少変更が加えられることになる。特に、「農業起源論」で用いられていた、「ラビ」「カリフ」「ウビ」「新大陸」といった農耕名は、『栽培植物と農耕の起源』では、それぞれ「地中海」「サバンナ」「根栽」「新大陸」という農耕文化名に変えられている。このことによって、全体的な農耕文化の体系の中で位置づけがなされることになった。また、照葉樹林農耕文化にだけ用いられていた農耕文化という考え方を、このように「地中海」「サバンナ」「根栽」「新大陸」の各農耕文化にもあてはめて、世界の四大農耕文化としたところにも新しい展開が見られる。

ところで、中尾は『栽培植物と農耕の起源』の中で、地中海農耕文化のムギ畑の雑草として、多くの植物が混じることを示唆している。

ムギ畑の雑草から昇格した草の他の代表はナタネ類だろう。ハクサイ、タイサイ、ミズナなどはシナで発達しはじめた蔬菜であるが、この原種は雑草性のナタネである。これはスエーデンの鉄器時代の胃袋の中にもあったが、いまでも西南アジアのムギ畑にはたくさんある。アフガニスタンのコムギ畑では、除草が悪いと黄色のナノハナ畑になるほどである。この雑草性のナタネはチベットのオームギ農業の雑草としてシナに到達し、そこで蔬菜として昇格したものだ。（注7）

このブラシカ・カンペストリス（*Brassica campestris*）こそ、アブラナ属を構成するアブラナであり、西洋アブラナ（*Brassica napus*）や、黒芥子（*Brassica nigra*）、カラシナ（*Brassica juncea*）とならんでアブラナ属（ブラシカ）を構成している。

日本の農耕文化におけるカブとその先行研究

カブはアブラナ（*Brassica campestris*）の一種（*Brassica campestris* var. *glaba*）で、ヒノナ（*Brassica campestris* var. *akana*）や白菜（*Brassica campestris* var. *amplexicaulis*）、野沢菜（*Brassica campestris* var. *hakabura*）、京菜（*Brassica campestris* var. *laciniifolia*）、酸茎菜（*Brassica campestris* var. *neosugukina*）などとともに *Brassica campestris* を構成している（注８）。

中尾は「農業起源論」の中で、民族植物学 ethnobotany と年代学 chronology との問題とを考える際に、カブ（中尾の表現ではカブラ）と大麦とを材料として、現存の栽培植物の分布の不均一さを分析しているが（注９）、これは青葉高の研究成果に基づいて展開されたものである。

東日本と西日本とのあいだにも、多くの作物について差が見られるが、その典型的な例の一つはカブラであろう。青葉（一九六〇）（注10）によると、東日本の各地に分布するカブラは西洋系のもので、近畿以西のカブラが東洋系であるのと対照的である。その境は近畿地方と中部地方の境界線で、ここでは「カブラ・ライン」と呼んでおこう。（注11）

中尾はカブラ・ラインとオームギ・ラインとを合成して、図Ⅱ－１のような図を描いていて、日本列島を「四区の ethnobotanical region」（民族植物学的地域）（注12）に分けて、地域ごとの分析を行なっている。結局中尾は、「渦性オームギ・ラインによって分れたる二区は、それぞれ作物の等質伝播をおこしやすい地域であり、カブラ・ラインは、作物を外国から受け取ったときの異なった系統を示すラインといえよう」（注13）と、述べている。

このように中尾は、カブを外国から日本に導入された作物としてとらえ、それらは時期を隔てて二度（もしくはそれ以上）にわたって導入されたと考えていることがわかる。さらに中尾は、日

図Ⅱ－1　裏日本と表日本を分ける渦性オームギ・ラインと、東西を分けるカブラ・ライン
（中尾佐助『中尾佐助著作集　第1巻　農耕の起源と栽培植物』北海道大学図書刊行会、2004年、p.217より）

本に導入された農耕文化の順を、ウビ農耕（照葉樹林農耕も含む）、カリフ農耕、ラビ農耕の順であると考えていた（注14）。

いっぽう、同様のことを焼畑農業との関連から考えていたのが、青葉高と佐々木高明である。少し長くなるが重要な点なので、青葉の著作『ものと人間の文化史　43　野菜―在来品種の系譜』（注15）から引用してみよう。

> それでは焼畑でのカブ栽培はいつ頃から行なわれたものであろうか。佐々木高明氏は九州のコバ型や中部地方以西のナギハタの歴史は古く、出羽奥羽山地

のカノ型や北上山地のアラキ型焼畑は、より新しいものとしている。（中略）第三の代表的な焼畑である中部地方以西のナギハタ型の焼畑は、典型的な雑穀栽培型で、シコクビエやアブラエなどの古い焼畑作物も残っており、イネの渡来でわが国の照葉樹林文化の特色が決定的な変化を被った水田農耕文化の展開以前の段階から存在したものと、佐々木氏は考えている。

これに対し出羽奥羽山地のいわゆるカノ型の焼畑は、一戸当りの焼畑面積が少なく、水田への依存度の高い農家によって行なわれ、焼畑は補助的役割を担っているに過ぎない。従ってその起源は稲作以前から行なわれたというような古いものとは考え難い。（佐々木高明氏）但し日本海側の焼畑には北方型の作物が栽培され、かなり早い段階に開けた可能性はある。

現にこの地帯には北方型の作物であるソバが栽培の主体になっていて、カブその他の北方型作物がセットになって、あるいは随伴雑草となって入って来た可能性があろう。具体的にあげるとこの地域では通常第一年目にソバかカブを栽培し、そのあとダイズ、アズキ、時にはアワを二〜三年栽培して山に返す。このうちソバは東アジアの北部、バイカル湖から旧満州にわたる地域が原産地と考えられており、わが国には八世紀以前に入っている。（中略）またアワの栽培は東アジアで始まり、有史以前にシベリアを経てヨーロッパに渡っている。アワはわが国では最も古い作物の一つで、イネ伝来以前の主食であったと考えられる。

カブが日本に入ったのはダイコンより古く、遅くとも八世紀までには入っていた。カブは一般には中国から入ったとされている。しかし朝鮮半島や東北アジアなどから入ったことも考えられ、渡来経路は必ずしも明らかでない。このカブが焼畑でソバ、ダイズなどとセットになって栽培されていることは偶然のこととは思われない。これらの作物はいずれも旧満州、シベリア方面からわが国に入ったいわゆる北方系の作物である。（中略）

今までみてきた東日本の焼畑カブが、稲作以前から存在したものかどうかは私どもには言うことは出来ない。しかし、稲作以前か以後かというほど古いものであることは間違いないであろう（注16）。

青葉は、野菜の中でも特にカブを中心的に取り上げ、日本の在来種を丹念に調査した研究者であった。

また、実験やフィールドにおける調査と文献的調査とを、同時に行なっていた。たとえば、カブが最初に登場した日本の文献は、『古事記』（七一二年）、『日本書紀』（七二〇年）、『万葉集』（七五〇年代頃）などで、いずれも日本の文献上最も早い、八世紀の文献に登場していることを指摘している（同上、九九ページ）。引用文でも、何度も「八世紀まで」と述べているのはこの理由による。文献におけるカブの記述に関しては、青葉は、『古事記』下巻に以下のような記述があることを指摘している（注17）。

乃《すなは》ちその嶋より伝《つた》ひて　吉備国《きびのくに》に幸行《いでま》しき　爾《しかして》黒日売《くろひめ》　其の国の山方《やまがた》の地《ところ》に大坐《おほま》しまさしめて　大御飯《おほみけ》献《たてまつ》りき。是《ここ》に大御羹《おほみあつもの》を煮《に》むとして　其地《そこ》の菘菜《あおな》を採《つ》める時に　天皇《すめらみこと》其の嬢子《おとめ》の菘採処《あおなをつめるところ》に到り坐《ま》して　歌曰《うた》ひたまはく

やまがたに　蒔ける菘菜《あおな》も　吉備《きび》ひとと
ともにしつめば　たぬしくもあるか

ここにおける、菘菜《あおな》こそがカブであり、それを羹《あつもの》（注18）にして食べていたという指摘である。

同様に『日本書紀』においては、持統天皇の七年三月の条の終りのところに、以下のような記述があると指摘している（注19）。

ひのえうまのひにみことのりして　あめのしたをして　桑《くは》、紵《からむし》、梨《なし》、栗《くり》、蕪菁《あをな》等の草木《くさき》をすすめうえしむ。これをもて五《いつ》つの穀《たなつもの》をたすくとすなり

ここでは、文字は異なるが、やはり蕪菁《あおな》がカブに匹敵するという指摘である。

続く記載は、正倉院文書の中の蔬菜の記述の中のもので（注20）、青葉は関根真隆の『奈良朝食生活の研究』（吉川弘文館、一九六九年）の解説から、引いている。

蕪　蕪菜　蔓菁　蔓菜　蕪菁　菁奈根　これらはともにカブナで、アオナともいい、根をカブラと呼んだ。このことはたとえば宝字二年（注21）の文書の「一百八十文菁菜百束雇車二兩賃料」と同じことが、別の文書では「菁一百束直《あたい》四百文……」とあるところから、これらの名は同一種類であることが知られる。（注22）

いっぽう、青葉は形態的な比較を試み、「渋谷（茂）氏によると、わが国のアジア型（和種系）カブは、西洋型（洋種系）品種に比べ、種子が一般に大きく、種子表皮の形態はA型で、葉は立性で毛がなく、とう立ちは一般に早い。そして、わが国のカブ品種の大部分はアジア型に属する。」（注23）としている。

また、種皮型についても、

…種子を被っている種皮をごく薄く切って水に浮かべ、断面を顕微鏡で見ると、表面から表皮細胞、柵状細胞層、色素細胞、胚乳組織がある。この表皮細胞が水に浸したとき水胞状になる品種と、水を加えても細胞は膜状のままの品種とがある。このことは世界的な種子学者だった近藤万太郎博士により記述され、天王寺カブや聖護院カブの種子は前者で、小カブ、紅カブ、長カブの種子は後者とされている。（中略）わが国のカブ品種の多く（和種系品種）

は前者で、外国のカブや洋種系のカブの種皮は後者であることを見出し、前者をA型、後者をB型と呼んだ。（中略）

この点種皮型は、人の手がほとんど加わらなかった形質だけに、和種系カブはA型、洋種系カブはB型種皮であるとすれば、この特徴を手がかりにしてカブ品種を和洋両群に区別することができる。（注24）

カブはこのように、日本の農耕文化の中では、比較的古い時代から食料として用いられていた。しかも、ところによっては焼畑の蔬菜類として用いられており、ところによっては都市近郊の畑作物として栽培されていた。たとえば、青葉によると、「宮本常一氏は、日本の焼畑には南方型と北方型とがあり、朝鮮半島から日本に伝わったとみられる北方型の焼畑ではヒエとソバが主体で、ダイコンとカブが重要な作物として非常に多く作られ、南方型の焼畑が、アワとソバを主体とし、サトイモが組み合わさっていることと対照的であるとしている」（注25）と述べている。

わたし自身の調査でも、北方型と思われる富山山中の焼畑では、アワ、ヒエ、ダンゴビエ（シコクビエ）とともに、カブが栽培されていたことを確認している。特に一年目の焼畑では、ソバの後にカブが植えられることが多かった。また、一九九〇年代後半の現代でも、カブを中心とした焼畑農業が、わずかではあるが実施されていることも確認している（注26）。

都市農業―京都を事例として

これに対し、都市近郊ではどうであったろうか。わたしの在住する京都を例に考えてみることにする。京都市では、古くから現代にいたるまで、都市の内部およびその周辺で農業が営まれてきた。わたしは、これを「都市農業」の一つの例として位置づけたいと考えている。都市は農村に対抗するものであり、都市の拡大が、農業の縮小と結びつくと一般的には考えられがちである。このことに基本的な間違いはないと考えるが、例外もあることを考慮しておく必要がある。たとえば、アフリカの諸都市においては、都市の内部に多くの農地が造られている。都市住民自身が自分たちの食料を確保するために、これらの農地は造られた。特に、IMFによる構造調整が行なわれて以降、食料費の値上がりや賃金の低下、リストラなどに対抗して生きていく手段として、都市農地は増加傾向にある。これを、たとえばダニエル・マクスウェルやサミュエル・ジワ、ドナルド・フリーマンなどは、「都市農業（Urban Agriculture）」とよんでいる（注27）。

ところで、京都の場合は、このようなアフリカの都市の例とは歴史的経緯が異なるが、それにもかかわらず都市住民が、政治的あるいは経済的な大変化に直面して、自分たちの生活をなんとか維持する必要から、さまざまな都市農業を発達させてきた点では同じといえるだろう。すなわち、京都の都市農業もまた、都市住民とその周辺農民との生活上の必然性の蓄積の上に成立してきたといえる。

たとえば、今でこそ京野菜の一つとして、その特殊な形態と独自の料理法で珍重されている堀川ごぼうもまた、もともとは人々の生きていく知恵から生まれたものである。

京都で利用されているブラシカとして知られているもののひとつとして、聖護院《しょうごいん》カブ（聖護院蕪菁）がある。聖護院カブは、約二五〇年前に滋賀県堅田近辺から京都市左京区聖護院近辺に導入されたカブとして知られている。これに関する文献には、植木敏弌（『京洛野菜風土記』伊勢秀印刷所、一九七二年）、青葉高（青葉高、『野菜』法政大学出版局、一九八一年）や、高嶋四郎（高嶋四郎編著『歳時記　京の伝統野菜と旬野菜』トンボ出版、二〇〇三年）のものがあるが、最も早い記述は植木のものであり、そこから継承されていったのではないかと考えられる。

植木の書物には、以下のような説明がある。

聖護院蕪菁は、今を去る二百五十年前、享保年間、旧愛宕郡聖護院村（現左京区聖護院）に住んでいた、伊勢屋利八という篤農家が、近江の国堅田（滋賀県堅田町）方面より、近江蕪菁の種子を需めて、これを試作したところ、地味が適した関係か、その成育が極めて良好であった。その後、肥培管理を入念につづけていたところ原種の扁平な形状が、年をふるに従って、次第に形状が変わって、円形となり、一層肥大な系統に変わり、ついに重量も一個、最大二貫匁に達する巨大な固定品種となった。かくして、名称も聖護院の地名を附して、聖護院蕪菁となって、堂々と名声を博したのである。

その後、天保時代に、この蕪菁を薄く輪切りにし、千枚漬が考案された。

その品質は、大変よく、需要がとみに増加してきたので、近郊農家は争って栽培、また千枚漬としての加工も進み、その産額も増大した。

しかし、聖護院及び岡崎方面の人家が過密となり、同時に疎水工事が開設されるに及んで、耕地は次第に、蚕食され、聖護院蕪菁の栽培反別は徐々に減少していった。

この半面、聖護院大根を蕪菁の代りに利用することが増加したため、聖護院大根の栽培面積は拡大されたが、千枚漬としての王座は聖護院蕪菁に限られ、又煮食としても大根に勝っているので、京洛の近郊は勿論、全国津々浦々まで栽培が普及した。（中略）

聖護院蕪菁は、前述の通り、近江蕪菁の変形とされているので、今でも、洛北方面では、近江蕪菁の別名で呼ばれている。

近江蕪菁は扁平で、上部が扁円、下部がくぼんでいるのに反し、聖護院蕪菁は円形で、表面稍々くぼみ、下部は写真の通り、円く、葉は粗硬、肉質は少々、粗い傾きがある。（注28）

植木は、聖護院カブが江戸期に近江からもたらされたものであること、近江カブと聖護院カブではカブの形態が変わっていること、聖護院カブは江戸後期以降、主として千枚漬として利用されてきたこと、聖護院カブの生産地が聖護院から移動していったこと等を指摘している。

聖護院カブの現在

それでは、現在生産されている聖護院カブは、どこでどのように栽培されているのであろうか。現在でも聖護院カブは、京都市内で栽培されている。ただし、左京区の聖護院で栽培されているわけではない。いまや聖護院は、京都大学医学部附属病院を初めとする建物と完全な住宅地になっていて、畑のスペースはない。聖護院カブの栽培地の中で最も市中に近いのは、壬生《みぶ》から西院《さいいん》の付近である。壬生、西院とは、四条通りから南、壬生通りから西の地帯をさす。ただし、この壬生周辺も現在ではほとんどが住宅地で、その間に工場が建っている。その一角にわずかに残った農地で、聖護院カブが栽培されていた。聖護院カブの栽培地はわずか二畝ほどである。栽培していたAさんは、北野神社から西院へと続く御前通りに面した、古い民家が連なる一角に自宅があり、そこで軒先販売もしている。町中なので、新鮮な野菜を買いに来る人も多い。ここでは、聖護院カブのほかにも、壬生菜《みぶな》、九条葱《くじょうねぎ》、頭芋《かしらいも》、水菜、菊菜《きくな》、小松菜《こまつな》、サツマイモ、小カブ、ホウレンソウなど、Aさん自身の考え方から、有機農業で栽培された農作物が売られていた。

明治二三年製の陸地測量部発行の二万分の一の地図によると、壬生から西院にかけては、ほぼ畑作地帯であることがわかる。ただし、この地図では同様に聖護院付近もまだ畑作地であったことがあきらかである。

ところが、昭和一三年製（昭和五年より七年の地形図を修正したもの）の陸地測量部発行の二万五千分の一の京都都市計画図によると、聖護院付近は完全に住宅地化されているのに対し、壬生付近では、北半分は住宅地化もしくは工場地化されているが、南半分は畑地のままであり、西院にいたっては未だほとんど住宅地化されていないことがわかる。壬生の南半分から西院が現在のように住宅地化されるのは、戦後、特に昭和三〇年代以降のことである。Aさんの畑が壬生の二カ所に現存することが可能だったことも、理解できる。

いっぽう、目を北に転じてみる。聖護院からさらに北の一乗寺、修学院から上賀茂にかけての一帯でも、聖護院カブを栽培している農家が残っている。わたしが実際に行ってみたのは、修学院離宮に隣接する畑地であった。この畑地は、昔から旧修学院村の農家だけが利用できる土地となっている。ここに、Bさんは聖護院カブ、九条葱、ホウレンソウ、その他の野菜類を栽培し、多くはそのまま「振《ふ》り売《う》り」によって販売している。Bさんが栽培する聖護院カブそのものは、自宅用、および友人への贈答用や盆暮れの贈答用にかぎられており、生産量は少ない。友人の漬物店に材料をあずけ、特別に千枚漬に作ってもらっている。したがって、贈答用となるのは生の聖護院カブではなくて、千枚漬にされた聖護院カブということになる。修学院地域も現在では、その大部分が住宅地となっている。しかし、修学院が本格的に住宅地化されたのは、さらに新しい昭和四〇年代以降である。したがって、前述した陸地測量部発行の二つの地図（明治二三年と昭和一三年）においては、修学院とその周辺は、古い集落域を除けば、畑地がひろがっている。

さらに、目を東に向けてみよう。京都の市街地が東山にぶつかり、さらに蹴上《けあげ》、日ノ岡《ひのおか》、御陵《みささぎ》をこえて山科《やましな》盆地に入る。かつての東海道であり、日本最初の疎水もこのコースを通って造られている。山科は京都と大津の間に位置するが、京都の方に含まれる地域である。山科でも、わたしは聖護院カブの栽培を目にすることができた。山科の南部に位置する勧修寺《かんしゅうじ》で、比較的大きな畑地が残されており、そこで栽培されていた。勧修寺のものは専業農家による商品作物として、出荷を予定されているものであり、その隣の畝には、聖護院大根が栽培されていた。このほかにも、さらに南部の小来栖《おぐるす》で、自家用の聖護院カブが栽培されていた。

最後に、西に目を向けてみることにする。西院《さいいん》のさらに南、桂川《かつらがわ》の左岸には、吉祥院《きっしょういん》や石島があり、桂川をはさんで対岸の右岸には上久世《かみくぜ》や久世《くぜ》とよばれるところがある。かつては、それぞれ村であったが、現在では吉祥院は住宅地と工場地に、上久世や久世は、住宅地と畑地が混在する地帯となっている。上久世や久世は、京都市内から西へ向かう西国街道が通っていた。現在では、東海道新幹線が桂川を通過する、その両側の地域にあたる。この地域ではかつて聖護院カブが作られていたが、現在ではどこも作っているという情報は獲得できなかった。現在のところ、桂および久世、上久世では聖護院カブは栽培されていない。

桂および久世、上久世周辺で聞き取れたことは、聖護院カブの栽培地は亀岡《かめおか》に移っているという点である。亀岡は、桂よりさらに西に位置し、京都の市街地が西山にぶつかり、沓掛《くつかけ》、老ノ坂《おいのさか》をこえて亀岡盆地に入る。かつての山陰道がここを通っている。しかし、亀岡は山科とは異なり、古来京都市域には含まれてこなかった。その亀岡盆地の入り口に当たるのが、篠《しの》という集落である。現在、京都の聖護院カブの多くはこの亀岡市篠で栽培されている。

亀岡市篠の聖護院カブ畑

京都縦貫自動車道を通ると沓掛から篠までは、一〇分とかからない。篠インターを降りるとすぐに、聖護院カブの栽培地がひろがる。斜面を切り開いて造られた、一見すると棚田のような光景だが、田圃ではなく畑地が造られている。京都市内の栽培地に比べると、篠における聖護院カブの栽培面積は広く、一〇アール、二〇アール、三〇アールの耕地が一面、聖護院カブで覆われている。水田と隣接しているところも、葱畑や白菜畑と隣接しているところもある。

亀岡も京都のベッドタウンとして開発されてきており、道路を一つこえると住宅地に接しているが、それでも山側の一帯は、聖護院カブを中心とした畑地が山麓まで続く。そのあいだを篠川が流れ、山側からは冷たい空気が流れ込み、霧がかかりやすい地形である。

亀岡には、篠とならんで、稗田野《ひえだの》とよばれる場所での、聖護院カブの栽培が盛んである。稗田野は亀岡盆地の西端にあたり、峠越えをして兵庫県の篠山《ささやま》へといたる篠山街道の登り口にあたる。また、その中央には山内川が流れており、よく似た地形となっている。

さらに、亀岡と京都を結ぶたいへん小さな道路に、京都日吉《ひよし》美山《みやま》線とよばれる府道がある。京都市内の西北の嵐山から、保津峡《ほづきょう》の手前で山中に入り嵯峨《さが》水尾《みずのお》を経て、嵯峨《さが》越畑《こしはた》にいたる。嵯峨越畑の集落は、現在京都市の最西北端にあたり、むしろ距離的には亀岡市から東北に国道四七七号線を登った方が近くなる。この越畑《こしはた》でも、一時聖護院カブが盛んに作られたと聞いている。

注

（1）堀田満・緒方健・新田あや・星川清親・柳宗民・山崎耕宇編『世界有用植物事典』平凡社、一六三ページ

（2）同上、三二九ページ

（3）初出、森下正明・吉良竜夫編、今西錦司博士還暦記念論文集『自然―生態学的研究』中央公論社、一九六七年、再録、中尾佐助『中尾佐助著作集　第一巻　農耕の起源と栽培植物』、北海道大学図書刊行会、二〇〇四年、以下後者を『農耕の起源と栽培植物』と略す。中尾は、『農耕の起源と栽培植物』において、*Camelina sativa, Eruca sativa, Sinapis albama* あるいは *Raphanus sativa, Cannabis sativa* ともに、

ナタネ類 *Brassica campestris, B. napus, B. nigra, B. juncea* をあげている（一九五ページ）。

また、以下のように述べている。「これに反してラビ農業は、本来は油料植物をその栽培植物群の中にもっていなかった。このことは、北欧へ伝播した新石器時代のムギ作農業が、そのなかに油料植物をもっていなかったことからも推定できる。（中略）北欧のムギ作農業は、有史時代になってから、ナタネ類 *Brassica campestris, B. nigra, B. napus, B. juncea* や、同じく十字花科のムギ畑雑草であった *Camelina sativa, Eruca sativa, Sinapis albama* あるいはダイコン *Raphanus sativa* のごときものを初めとして、アマ・タイマ *Cannabis sativa* などを油料植物として栽培したが、これは古型ではない。」（森下正明・吉良竜夫編『自然―生態学的研究』、四六八ページ）

（4）中尾は乾期、雨期と記している。わたしは乾季、雨季と記すことが多い。両者は、同じ意味で使われているとみなす。したがって、ここでは、中尾自身の表現をそのまま記す。

（5）中尾佐助『中尾佐助著作集　第一巻　農耕の起源と栽培植物』北海道大学図書刊行会、二〇〇四年、九〇ページ

（6）ひとつの言語体系の内部における名称の体系は、その言語の内部の差異性の体系と考えられ、その言語を用いる人々の世界観（コスモロジー）の反映でもある。このことは、ソシュール以降の言語学で共有されており、わたしも同様の立場をとる。

このような立場からは、ここで中尾が行なっていることは、言語内部における差異性を無視してある語を抽出し、他の言語体系における別の語を抽出して、概念を生み出し、対立もしくは差異化するという方

法で、結局は分析概念の抽出者の意図の反映にすぎないことになる。その場合には、わざわざそれぞれの言語体系の内部における差異化の体系を無視して、特定の語を用いることの意味が問われることになる。このことに関して、中尾は、ここでは説明を加えていない。ただし、中尾自身の分類の用語とその思想に関しては、別に『分類の発想―思考のルーツをつくる』（朝日新聞社、一九九〇年）がある。

なお、ウビという語は、中尾によると、マダガスカルからマレイシア、ボルネオ、ジャワ、ニューギニア、フィージー、ニュージーランドにかけての地域で、ヤムイモ *Dioscorea spp.* に対して共通に用いられているOvi, Ubi, Uviという呼称からえられたものであり、この中に、中国の芋や蕷、日本のウモもしくはイモも含まれるとしている（中尾佐助『農耕の起源と栽培植物』、五八ページなど）。

（7）中尾佐助『農耕の起源と栽培植物』、三五八ページ
（8）『世界有用植物事典』、一六三―一六九ページ
（9）中尾佐助『農耕の起源と栽培植物』、二一六ページ
（10）青葉高「カブ在来品種の類縁関係と導入経路」『農業及園芸』三五号、一九六〇年
（11）中尾佐助『農耕の起源と栽培植物』、二一七ページ
（12）同上、二一七ページ
（13）同上、二一八ページ
（14）同上、二一八―二一九ページ
（15）青葉高『ものと人間の文化史　43・野菜―在来品種の系譜』法政大学出版局、一九八一年、一七〇ペー

ジ

(16) 同上、一七〇―一七二ページ

(17) 青葉高『青葉高著作選Ⅱ　野菜の日本史』八坂書房、二〇〇〇年、一六ページ

(18) 温かい煮物、または煮物の入ったスープのこと。

(19) 青葉高『青葉高著作選Ⅱ　野菜の日本史』八坂書房、二〇〇〇年、二二ページ

(20) 同上、二五ページ

(21) 天平宝字二年すなわち西暦七五八年のこと。

(22) 青葉高『青葉高著作選Ⅱ　野菜の日本史』八坂書房、二〇〇〇年、二五ページ

(23) 青葉高『ものと人間の文化史　43・野菜―在来品種の系譜』法政大学出版局、一九八一年、一七四ページ

(24) 同上、一七八―一七九ページ

(25) 青葉高『青葉高著作選Ⅲ　野菜の博物誌』八坂書房、二〇〇〇年、二九ページ、および宮本常一『日本文化の形成　講義1』そしえて、一九八一年

(26) 末原達郎「焼き畑農業」富山民俗文化研究グループ編『とやま民俗文化誌』シー・エー・ピー、一九九八年、二一四―二一九ページ、本書収録

(27) Daniel Maxwell and Samuel Zziwa, *Urban Farming in Africa: The Case of Kampala, Uganda*, Afrcan Center for Technology Studies Press. Nairobi, Kenya, 1992および、Donald B. Freeman,

A City of Farmers: Informal Urban Agriculture in the Open Spaces of Nairobi, Kenya, McGill-Queen's University Press., Tronto, 1991など)。

(28) 植木敏弌『京洛野菜風土記』伊勢秀印刷所、一九七二年、四七―四八ページ

第10章 「城壁のない都市」京都の都市農業

城壁のない都市

京都は、千年の都である。実際、七九四年に桓武天皇が京都に遷都して以来、一八六九年（明治元年）に明治天皇が東京へ移動するまで一、〇七五年間、京都は平安京として、あるいは単に京《みやこ》として、日本の首都であり続けた。

ところで、千年間もの間日本の首都であり続けてきたことを思えば、平安京であり京《みやこ》でもある京都は、農業とは一見関係がないように見えるかもしれない。しかし、実は、京都は農業都市でもある。

よく知られているように、堀川ごぼう、聖護院かぶ、九条葱、鹿ケ谷《ししがたに》かぼちゃ、壬生菜、賀茂《かも》なすと、いずれも京都の地名と野菜名が結びついた、いわゆる「京野菜」が、現在でもたくさん存在している。これは京都が、とりもなおさず、京や都市として存在してきたことと矛盾せずに、農業生産物を提供してきた場所でもあることを、意味している。すなわち、京都は農業都市でもあり、同時に京都の農業は、都市農業でもある。

しかし、それではいったいなぜ、京都という都市は、農業をその内部に含めることができたのだろうか。その最も大きな理由を、わたしは、京都が「城壁をもたない都市」として成立したことに由来すると考える。

「城壁をもたない都市」とは、いったい何を意味するのか。それは、世界中の多くの都市が城壁をもち、城壁に囲まれた内部に都市を成立させてきたのに対し、京都という都市は、成立の当初から、城壁をもたず、城壁によって取り囲まれていなかったことをさす。

京都はこうした城壁をもたない都市であり、しかも城壁をもっていない都市が、八世紀における成立時から今日の二一世紀にいたるまで、ほぼ原形をとどめながら、存続してきているところに特色がある。このことは、世界の歴史上きわめてめずらしいことであり、それが京都に都市農業の存在を可能にしたものと、わたしは考えている。

「城壁」の存在は、都市のもつ都市性と強く結びついている。「城壁」とは、フランス語ではムレイユ（murailles もしくは remparts）とよばれている。スペイン語でもムラーラ（murallas）となる。イタリアではムラ（mura）とよばれている。英語でこれに匹敵するのは、ウォール（walls）もしくはランパート（rampart）であろう。フランス語やスペイン語、イタリア語のムレイユ、やムラーラやムラは、ラテン語のムラリス（mŭrālis：城壁）に由来する。いっぽう、英語のウォールは、同じラテン語でも vallum（柵、防壁、城塞）に由来する。

たとえば、共和政時代のローマは、すでにその周囲を城壁によって取り囲まれていた。ピエール・グリマルは、以下のように述べている。

前六世紀末頃、エルトリアの勢力が動揺し、ついにエルトリアがテヴェレ川の北部へ撤退したとき、ローマの国民は独立し、ローマ市は自立した都市になった。

ローマ王たちが、その王の一人セルウィウスの事跡とされている巨大な城壁を築造したのは、ほぼこの時期のことである。この城壁は、実際に人口が集中している地域の境界よりもずっと外側に築造されていた。事実、「セルウィウスの城壁」は、伝説に出てくる七丘、すなわち、カピトリヌ丘、パラティヌス丘、アウェンティヌス丘という三つの丘（孤立した台地）の他に、四つのなだらかな丘を内包していた。（注1）

同様にイタリアの都市ポンペイもまた、城壁によって囲まれた都市であった。先のグリマルは、次のように述べている。

ポンペイは、前六世紀末、原住民のオスキ人によって創建された。文化面でオスキ人は直接近隣のギリシア植民市の影響を受けていた。創建者はギリシア人技術者の方式に忠実であり、まず、完全にギリシア方式で築造された切石積みの城壁で都市の周りを囲んだ。（注2）

イタリアのいくつかの都市が城壁で囲まれていることは、以上のような記述や、たとえばレオナルド・ベネーヴォロによる記述や地図であきらかである。なおローマは、三世紀の後半に他民族の侵入を阻むために、セルウィウスの城壁の外側に、さらに巨大なアウレリアヌスの城壁を築いている（注3）。

都市が城壁で囲まれることは、イタリアだけにとどまらず、ローマの他の植民市にも、拡大していった。たとえばフランスでは、

紀元前二世紀末、ローマ人が都市ナルボンヌ（ナルボ・マルティウス）を創建したとき、かつての城市（オピドゥム）は放棄され、新しい都市が取って代わった。（注4）

アレクサンドリアやパリ、ロンドンなどもその例外ではない。ローマの影響を受けた諸都市の周囲は、城壁もしくは頑丈な壁によって取り囲まれていたのである。

ヨーロッパでは、古代だけでなく、中世においても、城壁を備えた都市の伝統は続く。むしろ、中世の諸都市の方が、都市の城壁をさらに強固にし、規模を大きくし、完成させていったと考えられる。

たとえば、レオナルド・ベネーヴォロはその著書の中で、中世ヨーロッパ、特に一四世紀まで

続いた一四都市の図をあげている。また、「中世初期の防備を施した都市」を「ブール（城塞都市）」とよんでいる（注5）。この中には、パリ、ロンドン、ケルン、アントウェルペン、ブリュッセル、ルーヴァン、ブルージュ、メケレン、リエージュ、ナミュール、ティーネン、イエペル、ディナンが含まれており、そこには、見事に城壁に囲まれた都市の存在が地図として示されている。

いっぽう、ヨーロッパからアジアへと目を転じてみよう。京都すなわち平安京が直接モデルとしたのは、中国の洛陽や長安であった。しかし、モデルとなった六世紀の洛陽や長安とは異なり、京都は「城壁」をもたない都市であった。このことを、たとえば井上満郎は以下のように指摘している。

（平安京が、長安・洛陽とは異なる点としては）第二に、城壁は平安京にもあったが、長安のように、その周囲をとりまいてはいなかった。南側のみにしかなく、実際には城壁としての役にはたっていなかった。形式的にもうけられただけで、首都を防御《ぼうぎょ》するという役目をはたさなかったのである。中国王朝は、歴史上、たえず内乱と異民族の侵略に悩まされてきた。首都は国家の中心であるから、防御は厳重で、高さ五メートルにもおよぶ城壁でかこまれていた。（注6）

しかし、農業と都市という視点から見ると、平安京、のちの京都が城壁によって周囲を取り囲まれなかったことの意味は大きい。それは、都市と農村を隔てるものが実体としては存在しないことを意味するからである。城壁がない場合には、理念的に都市と農村の境界は存在していたとしても、実際には、都市は容易に農村になりうるし、逆に農村もまた都市になりうる。すなわち、都市は農村と対立する概念ではなく、時代によって境界は意味を変え、両者は変動し、場合によっては入れ替わりうるものとなりえたのである。実際、京都の歴史は、そのことを示しているとわたしは考える。以下、より詳しく論じていこうと思う。

京都には、本当に「城壁」がなかったのか

ところで、京都は、本当に「城壁がない都市」であったのかどうかという点を、もう一度検証しておく必要があるだろう。歴史的に見ると、平安京の当初から、京都は城壁らしいものをもっていなかったが、ある特定の時代だけ、京都もまた、「城壁らしきもの」が造られた時代がある。ひとつは、室町時代・戦国時代に造られた惣構《そうがまえ》である。応仁・文明の乱の東陣、西陣に由来する御構《おんかまえ》が、戦国期に入ると惣構へと発展する。同時に、上京《かみぎょう》と下京《しもぎょう》がそれぞれ別の惣構をもち、それが室町通りによって連結されていた。河内将芳は以下のように論じている。

> なかでも戦国期京都が一種の城塞都市化していた様相が洛中洛外図屏風によって確認され

ている。しかも「花の都」というわりには、意外に田畠や農作業風景が随所に描かれている。
（中略）
戦国期京都は惣構とよばれた堀や塀で城砦化された、上京と下京という二つの地域を中心に成り立っていた。この上京・下京のまわりの空閑地には、田畠が広がり、南北に通る室町通りだけがこの両地域をつないでいたのである。ちなみに、天皇・上皇の住む御所、内裏もまた戦国時代は田畠の中にあった。

大裏は五月の麦のなか、あさましとも、もうすにもあまりあるべし

これは連歌師、宗長が長旅からの帰途、粟田口《あわたぐち》からみた京都の姿を記した『宗長手記』の一節であり、洛中洛外図屏風の風景とも符合しているといえよう。（注7）

河内の指摘は、実はかつての京、京都を全体としてとらえる視点にたてば、都市の一部が田畑になっていることを示していると見ることができる。惣構として城砦化されたのは、京都の都市の一部であり、京都全体としては、都市部と農村部の範囲が入り混じっていたと考えるべきではなかろうか。内裏が田畑の中にあるというのは、そのことを如実に物語っているように思えてならない。

京都における「城壁らしきもの」のいまひとつは、桃山時代に造られた「御土居《おどい》」と呼び習わされているものである。御土居は、ほぼ京都の市中を一巡していた。現在でも御土居の一部が残

っており、その姿の一部は、鷹峰や北野神社に残っている「御土居」で見ることができ、その実体がよくわかる。豊臣秀吉によって造られたこの「御土居」は、実際には「城壁」とはとてもよべそうもない、土塁状のものにすぎない。また、「御土居」は、防壁としての機能よりも、象徴的な意味で京都市街とその外部を隔てており、経済的な機能や象徴的な機能しかもっていなかった時代の方がはるかに長かった（注8）。

いずれにしても、「惣構」も「御土居」も、当時のヨーロッパや中国におけるような、都市を防御する堅牢な「城壁」や「羅城」の概念とは、異なるものである。したがって、京都にはその当初から、世界の都市史の中で用いられているような、いわゆる「城壁」は存在しなかったと考えてよいと思う。

第二に問題となるのは、京都以外の日本の都市や京《みやこ》もまた、「城壁」のない都市ではなかったか、という点である。平安京に遷都される以前の長岡京や、恭仁京、平城京もまた、城壁をもたない都市ではないか、という問いかけである。

たしかに、平城京をはじめとして、長岡京などの京《みやこ》もまた、「城壁」をもった都市ではなかった。たとえば、長岡京を例にとってみることにしよう。この京《みやこ》は、遷都されてからわずか一〇年足らずで、桓武天皇によってさらに平安京へと遷都されてしまう。それ以降、この地は京《みやこ》もしくは都市としての機能をはたさないままに、現代にいたっている。ひとつには、長岡京建設の途中で平安京への遷都が始まってしまったことが、それ以降の長岡京の、都市的機能を失わせていった理由であろう。建材や石材もまた、平安京建都の材料に供せられたことにも原因がある。しかし、最も大きな理由としては、「城壁」を兼ね備えていなかったことにこそ、長岡京が急速に農地へと変貌を遂げた理由であると考えることができる。長岡京は、これ以降はもはや都市ではなく、近郊農村として、一、〇〇〇年以上も存続してきたのである（注9）。ごく近年にいたるまで、長岡京の地は京都の都市近郊農村地帯であり、畑や田が数多く存在した。もちろん現在は、京都のベッドタウンとして再編成されつつあるが、それでも農地は少なくない。

おなじことは、長岡京ほど極端ではないが、平城京についてもあてはまることである。かつての平城京の中のごく一部が、現在の奈良市となっているにすぎない。実は平城京の大部分は、遷都されて以降は、京《みやこ》の上に農地が造られ、豊かな田や畑として再利用されてきたのである。このように考えると、日本では以前のかつての京《みやこ》の多くが、田や畑などの農地に逆戻りする可能性、つまり可逆性をもっていたことになる。

万葉集にも次のような歌がある。

いにしへの人に吾あれやささなみの故き京を見れば悲しき

ささなみの國つ御神のうらさびて荒れたる京見れば悲しも

いずれも、かつての京《みやこ》であった大津宮の荒廃を悲しんだ歌である（注10）。

もちろん、世界中の都市の中で、かつては栄光の都市文明を花咲かせたところが、現在では農地として姿を変えてしまっている例もある。あるいは、野草におおわれてしまっている例も少なくない。しかし、日本の京《みやこ》の多くが、世界の都市と比べてもこれほど簡単に農地へと転化していることを考えると、その理由のひとつとして、日本の京《みやこ》には「城壁」が存在しなかったことを指摘しておくことができるだろう。

ところが、京都は、「城壁」がなかったにもかかわらず、京《みやこ》として、さらに明治期にいたるまでは日本の首都としての機能を存続し続けたのである。ここに、京都の特色がある。これらの点は、平城京や長岡京とは、まったく異なる特色である。

京都の後に成立した江戸は、当初は都市でさえなかったが、その後、江戸幕府の実質的な行政上の首都としての役割をはたし都市としての完成を見ることとなった。江戸もまた、「城壁をもたない都市」であった。より正確には、「城壁」に囲まれているのは、江戸城とその内部だけであり、「城壁」の中には庶民の生活は存立していなかった。わたしは、江戸もまた「城壁」のない都市だと考えるが、京都には、江戸城に匹敵する「城壁」すら、存在しなかった。この点で、京都こそ「城壁のない都市」として最初に位置づけるにふさわしいだろう。京都は都市性をもちながらも、「城壁」をもたず、したがって、都市性を危うくする要素を常に内部に秘めながらも、都市として成立し続けてきたのであり、そこに、京都の独自性があったと考えられる。

都市内部に見られる農業

以上のような考察を積み重ねてきたのは、京都という都市と、農業との関係性を見ておくための前提条件を検証しておくためであった。

京都は、平安京として成立して以降、都市の中心部をわずかずつ移動させていった。

当初の平安京は、大内裏を中心として、そこから朱雀大路が南に向かってはしり中心線をつくっていた。南端には九条大路が東西に続き、その中央には羅《ら》城門《じょうもん》が、さらに少し離れてその左右に東寺と西寺が位置していた。

東端には東京極大路《ひがしきょうごくおおじ》が一条通りまで続いていた。東京極大路は現在の河原町通りに近く、またその東側にはすぐに鴨川の流れがある。いっぽう、西端には西京極大路《にしきょうごくおおじ》がこちらも一条通りまで続いていた。西京極大路は、ほぼ現在の葛野大路《かどのおおじ》近くを南北に通っており、現在もその西側には天神川が流れている。

平安京の中心を貫く朱雀大路《すざくおおじ》は、ほぼ現在の千本《せんぼん》通りと重なる。朱雀大路は、南は羅城門から市外へと出、鳥羽《とば》の作《つく》り路《みち》を経て、鳥羽《とば》離宮《りきゅう》へと続いていた。北は、現在の二条通り付近で大内裏にぶつかり、そこから北はいわゆる御所《ごしょ》の内《うち》（大内裏）になっていたことになる。現在の御所は、烏丸通りと寺町通りの間に位置し、南北は今出川《いまでがわ》通りと丸太町《まるたまち》通りの間に位置していることからもわかるように、平安京の中心たる大内裏《だいだいり》（御所）そのものも、時代を経て、二キロほど東

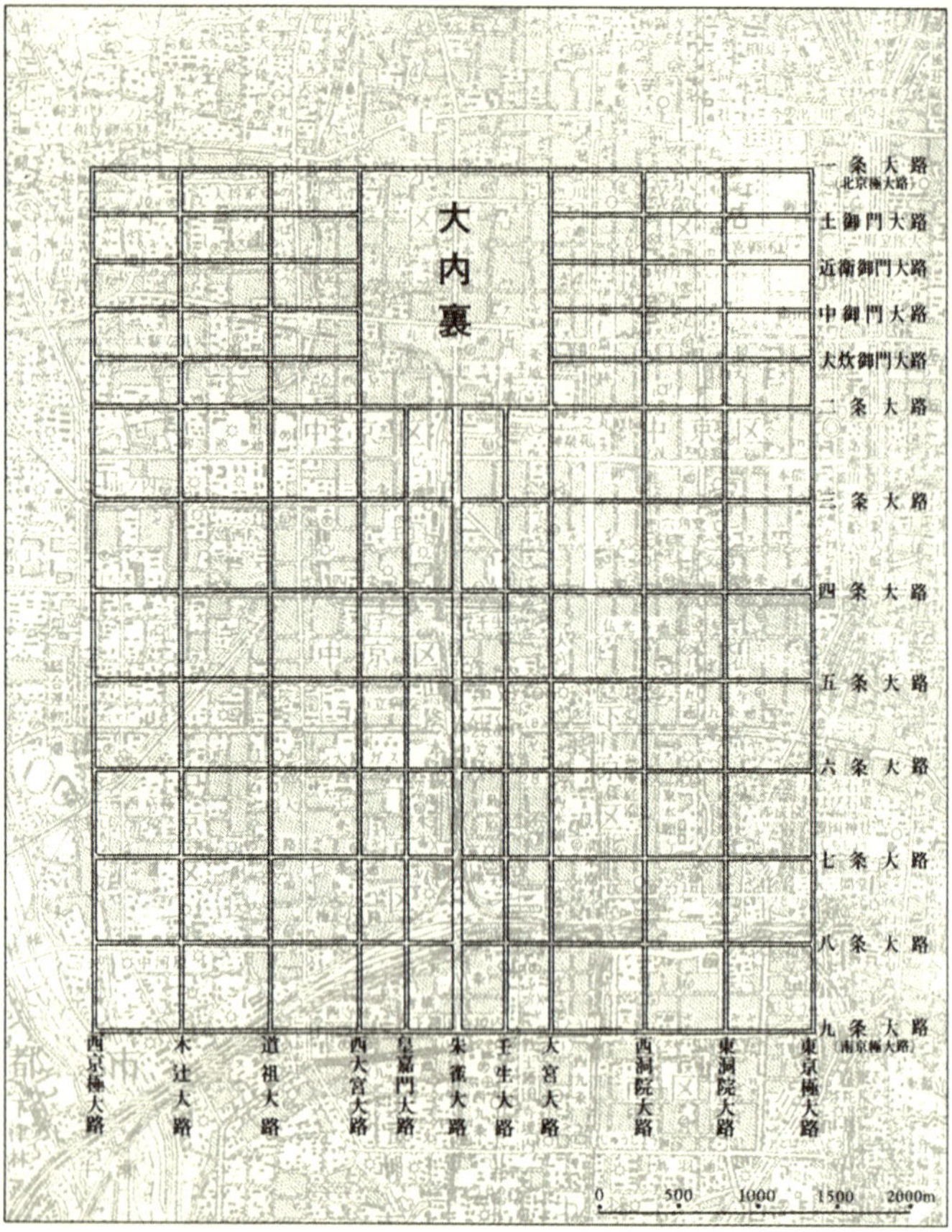

図Ⅱ－２　平安京と京都の市街

（井上満郎『歴史博物館シリーズ　平安京再現―京都1200年の暮らしと文化』河出書房新社、1990年、p.23より）

へと移動しているのである。

平安時代、鎌倉時代、室町時代を経て、京都の中心部は、徐々に東へと移動していく。ということは逆に、かつての平安京の内部、中でも西側（右京）の地域では、都市の住宅地としての役割は徐々に機能しなくなっていったことを、意味する。同時に、東にシフトした先の、今でいう左京や東山の地にも、寺院や公家衆の家屋や別荘地と併存して、その周囲には多くの農地が存在していたことも事実である。

しかし、このことがただちに京都に農業を生じさせることにはつながらない。むしろ、平安京はその当初は特に都市性を強くもち、住人の多くは「京戸《きょうこ》」として位置づけられ、平安京の内部に農地をもつことを許されず、その代わりに平安京の周囲や外部に農地をもつことが認められていたのである。瀧浪貞子は以下のように書いている。

平安京で宅地班給を受けるには京中の住民として戸籍に登録されていることが必要であった。この手続きを京貫といい、登録されて新京の住人となったものを京戸という。ただし誰もが京戸になれたわけではない。対象は平城京や長岡京といった旧都の住人が優先的であり、なかでも貴族官人たちが最優先された。というのも新京への居住が義務づけられたのは五位以上の貴族たちだったからである。六位以下の下級官人や庶民の場合は希望にまかせ、強制はしていない。役所づとめだけでは経済的に自立できないためで、彼らの多くは農繁期には

田舎で農業生産に当たるという二股生活を余儀なくされた。いち早く都市民化した貴族とは対照的である。（注11）

平安京は、当初においてはこのように、農業を行なわない場として想定されていた。農地は都市の中ではなく、その外部に設定されていた。それにもかかわらず、京の都市内部に農地が存在し始めたのは、なぜだろうか。瀧浪貞子はさらに以下のように、論じている。

平安京住民のすべてではないが、六位以下の下級官人を含め、京戸には口分田が与えられていた。これを京戸田というが、その点では農村部の公民と基本的には変わらない存在であった。

ただしその口分田は多くの場合、京中（居住地）から遠く離れた土地に班給された。京中では口分田の所有をみとめないのが原則だったからだが、それでは十分な経営ができるはずがない。その結果、京戸田は早くから衰退し、そのために農業を捨てて寺社や貴族に仕えるか、あるいは商人か職人となって商工業に従事するか、生活様式の変化を迫られた京戸も少なくなかった。しかしその一方で、右京では水田化が進み、その耕作に専念する京戸が増加していったことも事実である。すでに弘仁十年（八一九年）、条件つきではあるが、希望者には京中の閑地を耕作することが認められている（注12）。

弘仁十年といえば、平安京への遷都後、わずか二五年である。一、二〇〇年の歴史をつむぐことになる平安京は、わずか二五年にして、農地を都市の内部に抱え始めていたことになる。
ここで、有名な『池亭記《ちていき》』における記述を見てみよう。作者は、慶滋保胤《よししげのやすたね》である。書かれたのは天元五年（九八二）である。平安遷都から二〇〇年近くたっている。関連部分を村井康彦の現代語訳に基づいて記してみる。

鴨川べりや北野には、人家が立てこんでいるだけでなく、田畠があって耕作し、川をせきとめて田に灌漑している。ところが毎年洪水があって堤防が切れている。そのため防鴨河使はいつも仕事が待っている。これでは洛陽の人は魚とかわらない。鴨川の西辺は崇親院に耕作が許されているだけで、ほかは水害の恐れがあるために禁断されており、鴨東や北野は天皇が時を迎える場であり行幸の地であるのに、どうして役所は耕作を禁止しないのであろうか。こうして人々は都の外に争って住むようになる一方、都のなかは日々衰えていく。四条坊門の南側はいまは一面に荒れはてて、麦だけがよく実っている。わざわざ人々は、肥えた土地を去ってやせた所に行く。（注13）

このように京の内部では、田畑が造成されていたことが記されている。しかも、四条坊門では、麦が栽培されていたというのである。これは、まさしく都市農業といえるだろう。都市の内部に、住民の必要性から農地が造成され、同時に、住宅地は都市の内部から外部へと移動していく。平安京が城壁をもたず、理念上の都市の境界しかもっていなかったがゆえに、実体的な都市は移動し、理念上の都市は田畑へと転換しているのである。

平安時代から始まった都市の農地化、あるいは農業都市化は、鎌倉、室町、戦国時代にいたるまで、存続し続けている。

このことは考古学的な調査からも検証されてきている。藤田勝也によると、

右京四条四坊一五町では人・牛の足跡を伴う水田遺構を発掘、一一世紀後半、牛馬の飼料用に検非違使に草を刈らしめた「田三百余町」も右京である。（注14）

右京四条二坊六町では平安時代前期において、西負小路に東面する北東部に複数の掘立柱建物や井戸を擁する四分の一町以上の宅地が存する。しかし、平安時代後期から室町時代にかけてはすべて廃絶・耕地化する。（注15）

以上のように、室町時代までには、都市の中心部、特に右京においては四条二坊、四坊でさえも田畑化が進むことになる。

戦国時代には、前述したように豊臣秀吉によって造成された御土居が市中を取り囲むことになる。ただし、この場合、御土居によって取り囲まれた地域は、必ずしも本来の京とは一致していない。特に、右京においては、道祖大路より西側は、ほとんど御土居の域外に出てしまっている。また南部においては極端にその面積は狭くなり七条から九条にかけては東寺周辺部に限られている。これに対し北側には大きくひろがり、鷹峰から紫野、上野、萩野など広い地域が含まれている。これらの地域のうち、紫野、上野、萩野などでは、多くが農地である。さらに、御土居の内側においても、千本通りより西側には多くの畑地が存在している(注16)。

特に、元和六、七年(一六二〇、一六二一)もしくは寛永元年(一六二四)の作と推定されている「京都図屏風 四曲一隻」(注17)においては、二条城と聚楽の西側いったいは、畑として描かれており、一七世紀初期における京の市域に、多くの農地が含まれていたことを示している。この傾向は、寛永、元禄、天保と時代を経るにしたがって少しは屋敷地が増えるが、全体的な傾向は変わらず、江戸末期の慶応四年製の「改正 京町御絵図細見大成—洛中洛外町々小名全」においても、二条城より西側の南域はあいかわらず畑のままである。

京都における都市農業—「都市性」と「農業」

本章では、主として「都市性」と「農業」について、京都を例として考察を重ねてきた。都市の内部には、農業が入り込む余地があるのか、否かという視点である。農学におけるこれまでの議論では、「農村と都市」とは異質なものとして、対立関係のなかでとらえられることが多かった。もちろん、「都市と農村という対立」が存在しないということが目的ではない。

そうではなくて、「都市性」と「農業」という視点からとらえ直すと、日本においては、両者は必ずしも対立関係にあるわけでもなければ、矛盾するものではないことを指摘したのである。西欧、特にヨーロッパにおける「都市性」と「農業」とは、本章の前半で考察したように、対立したものとしてとらえることが妥当である。特に、都市が「城壁」という、物理的区分をもった場合には、都市性と農業は、しばしば異質な、対立する存在として現出される。西欧の多くの都市、特に植民都市の場合には、このカテゴリー分けがよくあてはまる。

しかし、日本の都市においては、特に古代から存在する京《みやこ》という計画都市においては、「城壁」が存在しなかった。このことによって、「都市」は農地へと容易に転換することができるし、逆に、「農地」も都市へと簡単に移行することができたのである。

このことは同時に、「都市」はその内部に農地を含みこみ、都市である京《みやこ》は、農地にも拡大することができるし、逆に縮小したり移動することをも意味する。本章の後半部では、京都という一、二〇〇〇年余りの歴史をもった日本の都市に、その具体的例を見てきたことになる。この考え方の基本には、都市としての京都を、国際的比較のフレームワークにのせて考えようという視点がある。

わたしの論点の出発点となった思考の基盤は、現代アフリカ、特にサハラ以南のアフリカのいくつかの都市で見られる、都市の内部に構築された農業を示すUrban Agriculture（注18）という概念である。サハラ以南のアフリカの諸都市を見ると、都市の内部に農地が作られ、その農地が都市住民の生活の糧としての食料を、相当程度支えていることがわかる。植民地政府によって造られた都市とは異なる、地元の住民側が造りだしてきた都市には、このように「都市性」と「農業」が、矛盾することなく存立している場合が少なくない。

もちろん、日本の都市とサハラ以南のアフリカの都市農業の比較についての、早急な結論を出そうとは考えていない。むしろ、比較農史農学論というフレームワークを組み立てていくには、西欧一辺倒との比較とは異なる、別の視点、もうひとつの視点が必要であることを強調しておきたかったからである。そうした研究が、歴史学や地理学の中でも、最近になって多く出てきている。

わたしは前章、「ブラシカ（アブラナ属）から見る世界」（注19）において、京都周辺において野菜としてのカブの生産がどのように移動してきたかをあつかった。そこでは、農業生産と都市性が密接につながっていることを示唆した。いっぽう本章で述べたのは、京都という京《みやこ》における「都市性」と「農業」との別の意味での密接な関わりあいである。西欧の都市と京都を「城壁」という概念をキーワードにして、比較分析を試みた。あつかっている材料は、歴史学、地理学、都市工学、考古学、人類学、経済学、経済史学、農学の各分野からの研究データである。わたしの専門領域をこえた材料を、取り扱う必要があったので、このことに関しては、京都大学大学院工学研究科および文学研究科の先生方に直接相談させていただいた。

また、一九九〇年代から二〇〇〇年代にかけては、実に多くの都市に関する資料が出版され、専門家以外でも、手にして見ることができるようになった。特に、都市地図と考古学資料の報告書に関しては多くの出版が積み重ねられ、ようやくわれわれ専門外の研究分野の研究者にとっても利用できるようになってきた。さらに、世界規模での植民都市の研究も、最近多くの成果をあげている。本考察もまた、間接的にではあるが、これらの研究の刺激を受けている（注20）。

注

（1）ピエール・グリマル、北野徹訳『ローマの古代都市』（Pierre Grimal, *Les Villes Romaines*, Presses Universitaires de France, Paris, 1990）白水社、一九九五年、三三ページ。「セルウィウスの城壁」は、実際にはセルウィウス（もしくはセルヴィウス）が治世したと考えられる紀元前六世紀（BC五七九〜BC五三四）のものではなく、紀元前三世紀のものであることが、最近の考古学的研究によってあきらかになっている。

（2）ピエール・グリマル、北野徹訳、同上、三〇ページ

（3）同上、九三ページ

（4）同上、六ページ

（5）レオナルド・ベネーヴォロ、佐野敬彦・林寛治訳『都市の世界史2―中世』相模書房、一九八三年、

四五ページ

(6) 井上満郎『歴史博物館シリーズ　平安京再現―京都1200年の暮らしと文化』河出書房新社、一九九〇年、一八ページ。ただし、カッコ内は筆者が追加した。

(7) 河内将芳「第二章第六節　洛中洛外と上京・下京―洛中洛外図の世界」村井康彦編『京都学への招待』角川書店、二〇〇二年、八四ページ

(8) 中村武生によれば、御土居掘を京都の城壁の一部として認めている。中村武生『御土居堀ものがたり』京都新聞出版センター、二〇〇五年、四八ページ、一〇六―一〇七ページ。また、中村は、御土居を堀と一体化して「御土居堀」として認識すべきだという概念規定を提案している。さらに、御土居の上には竹林が密生し、単なる城壁とは異なり徳川時代には竹やぶとしても認識されていたことを指摘している。中村武生、前掲書、二四―二六ページ、七五ページ。

　しかし、わたし自身は、「御土居」が世界史的に言われている「城壁」に相当するとは考えていない。「城壁」はいわゆる「塔」や「門」をつなぐ形で建設されているのが一般的で、そのような防衛拠点としての「塔」や「門」をもたないと、「城壁」としての戦闘時の防御能力は、極端に落ちてしまう。「御土居」には、このような戦闘時の拠点としての「塔」や「門」をあわせもっていないところに特徴があり、世界各国の「城壁」と同じものとして位置づけることには、無理がある。

(9) すでに平安時代中期に記録された『伊勢物語』第五十八段に、長岡を都市近郊農村としてとらえている記述がある。堀内秀晃、秋山虔校注『竹取物語　伊勢物語』(新日本古典文学大系17) 岩波書店、一九

九七年、一三一―一三二ページ
(10)佐竹昭広、山田英雄、大谷雅夫、山崎福之、工藤力男校注『萬葉集』（新日本古典文学大系1）岩波書店、一九九九年、三七ページ
(11)瀧浪貞子「第一章第二節　平安の新京―藤原京・平城京・長岡京、そして平安京」村井康彦編『京都学への招待』角川書店、二〇〇二年、二四―二五ページ
(12)同上、二六ページ
(13)村井康彦「第五章　平安京と貴族政治」京都市編『京都の歴史1―平安の新京』學藝書林、一九七〇年、四八四ページ。原文は、佐竹昭広、久保田淳校注『方丈記　徒然草』（新日本古典文学大系39）岩波書店、一九八九年、三八―三九ページ
(14)藤田勝也「1　平安京の変容と寝殿造・町屋の成立」鈴木博之・石山修武・伊藤毅・山岸常人編『シリーズ　都市・建築・歴史　第二巻　古代社会の崩壊』東京大学出版会、二〇〇五年、二〇ページ
(15)藤田勝也、同上、二二ページ、京都市埋蔵文化研究所編「平安京右京四条二坊」『昭和六二年度京都市埋蔵文化財調査概要』京都市埋蔵文化研究所、一九九一年
(16)大塚隆編・解説『慶長・昭和　京都地図集成』柏書房、一九九四年の内の「京都図屛風」、九―一〇ページ、「寛永十四年洛中絵図」、一五―二六ページ、「元禄十四年実測大絵図（後補書題）」、四八―五六ページ、「改正　京町御絵図細見大成―洛中洛外町々小名全　天保二年辛卯　竹原好兵衛刊」、八三―八七ページ、「改正　京町御絵図細見大成―洛中洛外町々小名全　慶応四年戊辰　竹原文叢堂」、九〇―九五ページ、

「京町御絵図―洛中洛外町々小名　明治二年巳御改正　御用書林　村上勘兵衛」、などによる。

(17) 大塚隆編・解説『慶長・昭和　京都地図集成』柏書房、一九九四年、八ページ

(18) Donald B. Freeman, *A City of Farmers: Informal Urban Agriculture in the Open Space of Nairobi, Kenya*, McGill-Queen's University Press, Tronto, 1991

(19) 初出・末原達郎「文化としての農業、文化としての食料（1）―ブラシカ（Brassica L.）を中心として」『京都大学生物資源経済研究』第二〇号、京都大学大学院生物資源経済学専攻、二〇〇五年、一一三ページ

(20) 布野修司編著『近代世界システムと植民都市』京都大学出版会、二〇〇五年、鈴木博之・石山修武・伊藤毅・山岸常人編『シリーズ　都市・建築・歴史（全一〇巻）』東京大学出版会、二〇〇五年など。

第III部

日本のアフリカ研究

わたしの研究のもう一つの柱として、日本の食料と農業だけではなく、世界の農業と食料を考えるという視点がある。この中には、ヨーロッパなどのいわゆる先進国の農業と地域社会を研究すると同時に、先進国ではない国々、一般には発展途上国とよばれている国々における、農業と地域社会のあり方、あるいは食料との関係を研究している。わたしにとって、この種の研究で、最も長い時間を費やしてきた研究の場は、アフリカであった。

日本におけるアフリカ研究は、一九六〇年代以降多くの蓄積を行なってきた。アフリカ農業や食料の研究も、一九九〇年代になって、独立した研究分野として紹介できるほどの研究蓄積ができてきた。日本のアフリカ研究の学会である日本アフリカ学会は、その学会誌『アフリカ研究』の第58号として、それまでのアフリカ研究の全体像を紹介することになった。わたしは、その農業に関する研究紹介を行なった。対象はアフリカ学会の会員であるので、専門的な論文の紹介がならぶが、一九九〇年代末までにおける、アフリカ農業研究の基本的な文献を単行本を中心にではあるが、網羅しているので、これからアフリカの食料や農業の研究をしようという人には、役に立つかもしれない。この論考を書いた以降も、さらに毎年研究が積み重ねられているが、それに関しては、ここには収めきれていない。

第11章　アフリカ農業・農学研究の歴史と現在

農学的研究の基礎――一九八四年以前

一九八四年に『アフリカ研究』第25号で、「日本におけるアフリカ研究の回顧と展望」が試みられた時、まだ農学研究の分野は単独では成立していなかった。それから約一五年の間に、農学の分野におけるアフリカ研究は量的にも増え、質的にも深くなってきており、ようやくひとつの分野として認知されるにいたった。もちろん一九八四年以前にも、アフリカ研究における農学的研究は存在しなかったわけではない。むしろ、日本のアフリカ研究においてはその当初から、農学的研究が含まれていた。たとえば、タンザニアのマンゴーラ地域で牧畜民や半農半牧民社会を対象とした米山俊直や福井勝義の研究（注1）は、農学的研究を基盤としたものである。あるいは、アジア経済研究所（当時）の吉田昌夫（注2）や細見真也（注3）の研究は農業経済学的研究である。ただ、これらはそれぞれ、文化人類学的研究および経済学的研究の枠組みの中でとらえられていた。この他にも、阪本寧男と福井勝義によるエチオピアの栽培植物に関する研究（注4）や、掛谷誠によるタンザニア農耕民の研究（注5）などが、いずれも一九六〇年代には開始されていた。これらの農学もしくは農民に関する諸研究は一九七〇年代から八〇年代にかけて、さらに多くの研究者を加え、大きくひろがっていくことになる。一九七〇年代から一九八〇年代前半の農学的研究の多くは『アフリカ研究』第25号でも取り扱われているが、それらは「生態人類学的研究」、「文化人類学的研究」、「社会学的研究」、「経済学・経済史学的研究」等のいずれかの分野の中に位置づけられていた。端信行のカメルーンの農民ドゥルに関する研究（注6）や、大森元吉のウガンダの農民チガに関する研究（注7）、和田正平のタンザニアのイラクに関する研究（注8）や、米山俊直のイラク研究（注9）やザィール農民に関する研究（注10）は文化人類学の分野に入れられ、福井勝義のエチオピアの農業やボディに関する研究（注11）、安渓遊地のザィールの農民ソンゴーラに関する研究（注12）、掛谷誠のタンザニアの焼畑農民トングウェに関する研究（注13）等は、主として生態人類学の分野で論述され、原口武彦のコートジボワール農業に関する研究（注14）、細見真也のガーナ農民に関する研究（注15）、島田周平のナイジェリア農業に関する研究（注16）、犬飼一郎の農業開発に関する研究（注17）、岩城剛の流通組織に関する研究（注18）、吉田昌夫のタンザニアのルフィジ河周辺農民と農業に関する研究（注19）などは、経済および経済史研究の分野に入れられて紹介されている。これらの諸研究は、もし農学的研究という範疇があれば、そこに入れられてもおかしくない、もしくは入れられるべきものである。ここに述べるのは、一九八五年以降から原則として二〇〇〇年までの農学分野の研究を対象としている。一九八四年の回顧と展望では農学分野に関する分類が存在しなかったことを考えて、以上の諸研究を先に紹介しておく。

農学的研究分野の展開過程

日本のアフリカ農業に関する研究は、一つの専門分野が独立して発展するよりも、むしろ隣接するさまざまな研究分野が共同研究を行ないながら、境界領域の研究へと拡大していっているところに特色がある。農学分野において一九六〇年代に始まった先駆的研究は、一九八〇年代に入って新しい世代の研究者の参加と、特定地域における研究の深化によって、多くの研究が飛躍的に生み出されていった。ここでは、一九八五年以降の日本のアフリカ農業に関する研究を、五つの分野に分けて展望してみることにする。

第一は、農業と牧畜や漁業等の多様な生業形態との関わりに関する研究である。第二は、国民経済と農民経済との関係に関する研究である。第三は、農村の内部構造および伝統的農耕システムに関する研究である。第四は、農業技術の開発と改良に関する研究である。第五は、これらのいずれの分野にも属さないが、アフリカ研究において先駆的に見られる隣接分野との複合領域に関する共同研究である。

農業と牧畜、栽培植物

第一の研究分野の例としては、福井勝義によるエチオピア農業と農牧民に関する研究があげられる。この中からは重田真義がオモ系農耕民アチョリに関する研究に基づき、エンセーテの栽培や品種保存からもう一歩進んで、ヒトと栽培植物との関係に関する本質的な議論を行なっている。さらに重田は高村泰雄とともに編集した『アフリカ農業の諸問題』の中で、アフリカ在来農業科学（indigenous agricultural science）の解釈を通じて、近代農業科学との間に橋をかける必要性があることを提案している。植物と人との関係を考察するという視点の研究は、宮脇幸生のアルボレのソルガムをめぐる品種分類の研究（注20）や、藤本武の農耕民マロにおける品種分類の研究（注21）においても論じられている。

同様に、松田凡はコエグの河岸農耕について分析するとともに、民族間関係とアイデンティティについて論じている（注22）。佐藤廉也は、マジャンギルにおける焼畑農耕の労働の季節配分に関する論考と、火入れをともなわない焼畑に関する研究（注23）を発表している。

国民経済と農民経済

第二の研究分野において、特に農村の経済構造に関しては、アジア経済研究所を中心とするアフリカ研究グループが大きな役割をはたしてきた。池野旬は、ケニアの小農経営を詳細に分析し、モノグラフ的側面をもった社会学的かつ農業経済学的研究『ウカンバニー東部ケニアの小農経営』（注24）を一九八九年に出版している。西アフリカでは、高根務がガーナ南部のココア生産農村の悉皆調査を行ない、農業経済学的研究と人類学的研究の境界領域をあつかった『ガーナのココア生産農民』(注25) を一九九九年に出版している。武内進一はコンゴにおける食糧生産と流通に関する実態調査を行ない、「コンゴの食糧流通と商人」(注26) を発表している。これらの研究は前述した吉田や原口、細見などが築いた研究基盤の上に提出されたものであるが、視点や分析手法、調査方法には大きな隔たりがある。吉田昌夫は、タンザニア農村に関する三〇年の研究をまとめた『東アフリカ社会経済論』(注27) を一九九七年に、細見真也も『アフリカの農業と農民』(注28) を一九九二年に出版している。構造調整期の国家経済や農村社会の変動に言及したものとしては、原口武彦編の『構造調整とアフリカ農業』(注29) があり、細見真也・島田周平・池野旬の『アフリカの食糧問題』(注30) と池野旬編の『アフリカ農村像の再検討』(注31) も、構造調整期を含んで、これまでのミクロ・レベルでの農村調査とマクロ・レベルでの経済変動を結びつける研究がなされている。

農村の内部構造と構造調整

第三の、農村の内部構造および伝統的農耕システムに関する研究に関しては、米山俊直によって開始されたアフリカの農耕民社会に関する研究が基盤となった。米山はアフリカ農耕民の社会と文化を理解するために、基本的概念群および「生存と実存」という概念を用いて、『アフリカ農耕民の世界観』(注32) を著した。一九八〇年代には、坂本慶一、祖田修を中心とする農学原論の分野が、農民・農村・農業経済の研究と農業の本質に関する研究へと発展していき、ザィール、タンザニア、スーダンで一九八二年から一九八六年まで実態調査を行なった。この成果として坂本編の『赤道アフリカにおける伝統的農業に関する技術・経済・社会の構造（原著は英文）』（注33）など三冊の報告書を刊行している。坂本慶一は、高村編の前掲書の中で、アフリカ農業の内発的発展を取り上げ、近代的商品生産農業と伝統的食料生産農業とを分けて比較検討するとともに、アフリカ農業、特に伝統的食料生産農業の中にこそ、発展の可能性が内在していることを指摘している。タンザニアに関しては祖田修が、特に稲作について、キロンベロ盆地を例とした研究をまとめている（注34）。

いっぽうザィール（現コンゴ民主共和国）に関する研究では、杉村和彦が農民クムにおける混作の技術の再評価と混作に関する価値意識を研究するとともに、村落社会内部の経済構造を共食という視点や、富者と貧者という階層の視点から、農耕民社会における平等主義や消費構造の分析に関する研究を行なっている（注35）。杉村は、二〇〇四年に、一連のアフリカ研究を経済構造の比較という視点からとりまとめている（注36）。わたし自身も、ザィールの農村における食料生産構造を農耕技術、社会組織、経済構造の側面から比較研究し、伝統的農民の食料生産と消費および市場経済との関連を、『赤道アフリカの食糧生産』で考察した（注37）。池上甲一は、タンザニア研究に加え南部アフリカにおける食料生産の商業化がもたらす社会の再編に関する研究を組織し、ジンバブウェ、モザンビークの研究を開始している（注38）。

辻村英之は農村協同組合の研究を実証的に行ない、特に構造調整下におけるタンザニア、ナミビアの比較研究を行ない、一九九九年に『南部アフリカの農村協同組合―構造調整政策下における役割と育成』（注39）を出版した。南部アフリカにおける協同組合論の先駆的研究となったのは、一九八九年に出版された佐藤誠の『アフリカ協同組合論序説』（注40）である。南アフリカにおける農村問題に関しては佐藤千鶴子が、ケニアのコーヒー生産に関しては大倉美和が研究（注41）を行なっている。辻村もタンザニアのコーヒー生産に関して世界経済と農村での生産を結びつける研究（注42）を開始している。トウモロコシやキャッサバをも含めた商業的農業に関しては、児玉谷史朗編『アフリカにおける商業的農業の発展』（注43）が出版されている。

また、小さな社会の食料生産構造が国家の経済や世界経済とどう結びつきどう変動しているかという視点から、世界銀行とＩＭＦの行なう構造調整政策に焦点をあてたものとしては、アフリカ経済の全体像を分析した末原達郎編『アフリカ経済』（注44）や、大林稔編『アフリカ第三の変容』（注45）がある。農村の内部構造と伝統的農業システムの変容に焦点をあてたもうひとつの研究グループの基盤となったのは、掛谷を中心とするタンザニアの焼畑農耕民の研究である。

伊谷樹一は、掛谷と同じトングウェの伝統農業とその変容を論述した後、タンザニアのマテンゴ農耕システムの研究（注46）を行なっている。掛谷は焼畑農耕民の研究をタンザニアからザンビアに広げ、ザンビアにおけるチテメネ農耕を対象として農学分野の研究と生態人類学分野の研究の共同研究として展開していく（注47）。この生態人類学的研究に荒木茂ら土壌学からのアプローチが開始されることになる。荒木はベンバにおけるチテメネの土壌有機物の変遷と火入れの土壌有機物の有効化に関する研究（注48）を行なうと同時に、タンザニアのマテンゴのピット農法における研究も踏まえて、アフリカの在来農法の中から生態的農業像を確立する可能性を模索している（注49）。この分野では、大山修一が市場経済化と焼畑社会および農耕技術に関する論考（注50）を行なっている。いっぽう杉山祐子は、チテメネに関する農耕技術を記述分析し、農業と女性に関する研究を続けるとともに、技術に対するベンバ独自の説明原理をベンバの世界観から解き明かそうと試みている（注51）。

農業技術と農業開発

第四の、農業技術と農業開発に関する研究分野においては、廣瀬昌平を中心に東部アフリカ大地溝帯地域の農業生態学的研究が組織され、ケニアとザィールの山岳周辺地帯で調査が行なわれ、火山灰土壌とファーミング・システムに関する二冊の報告書（注52）が刊行されている。廣瀬はその後、若月利之とともにナイジェリアを中心とした西アフリカ大平原の源流小集水域の土壌と農林生態系の再生に関する研究を行ない、『西アフリカ・サバンナの生態環境の修復と農村の再生』（注53）を一九九七年に出版している。若月は、水田農業と土壌の専門家であるとともに、IITA（国際熱帯農業研究所）に滞在し西アフリカを広く調査した経験から、西アフリカの生態環境と土壌と持続的農業に関する研究と試論を公表している。廣瀬との編著では、改良水田をサバンナの小低地に造り、伝統的小区画準水田との比較のオン・ファーム実験を行なった結果を報告していて興味深い。この研究グループからは、石田英子がヌペの伝統農業を民族農業の知識とともに土壌学的アプローチ（注54）を行なっている。また、アグロ・フォレストリーの研究が増田美砂（注55）によって試みられている。また、『農耕と技術』誌に掲載されたアフリカに関連する論文を集めた書物として、渡部忠世監修の『アフリカと熱帯圏の農耕文化』がある（注56）。

隣接科学との複合領域

第五の、隣接分野との複合領域に関する先駆的共同研究としては、農学と霊長類学の共同研究を例としてあげることができるだろう。農学の中でも実験科学の分野からアフリカ研究にアプローチしたのは、食品工学の研究分野が一番早い。小清水弘一、大東肇、梶幹男、星野次郎らは一九八三年から西アフリカのカメルーンにおいて、熱帯多雨林における有用植物の探索とその生理活性成分の化学的研究に関する学術調査を開始している。熱帯多雨林の森林生態調査を行なうとともに、多様な植物種の中から、地元民からの聞き取り調査に基づき生理活性植物を採集し、a. 殺虫、b. 除草、c. 抗菌、d. 抗腫瘍および発癌プロモーション等の生理活性試験を行ない、いくつかの植物に、植物成長抑制物質や発癌プロモーション抑制物質を発見している（注57）。小清水らの研究は、一九八九年まで三次にわたって継続され、さらに一九九一年には、研究対象を東アフリカのサバンナ林にまで広げている。また大東肇は、一九九五年、一九九九年と二次にわたってタンザニアでの有用植物の探索と生理活性物質の研究を行なうとともに、西田利貞、マイケル・ハフマン（Huffman, M.A.）らの霊長類学者と協力して、野生チンパンジーの利用する薬用植物についての生理活性物質の化学的解析を行なっている。チンパンジーは彼らの主食とは考えられない非栄養的植物を摂取しており、この中には薬的植物が含まれているのではないかと考えられていた。大東らは特に*Vernonia amygdalina*に着目し、その苦味関連成分の構造とその抗寄生虫活性をあきらかにするとともに、それ以外のチンパンジーの利用する薬用植物の中に天然生理活性物質が含まれていることを検証しつつある（注58）。以上のように、農学的研究の諸分野、すなわち生業の中における農業の研究、農村社会研究、農民の文化的価値に関する研究、農業経済研究、国際経済と農業生産に関する研究、協同組合研究、農耕システム研究、栽培技術研究、生態人類学的農業研究、食品工学的研究、土壌学的研究、農業生態学的研究、ファーミング・システム研究、アグロ・フォレストリー研究、オン・ファーミング研究、農業開発援助研究などが、この一五年の間に次々と成立し、展開してきたと言える。しかし、これらの多様な農学諸分野の研究は独自に成立していくだけではなく、研究分野間をこえて、時には農学という枠組みをもこえて、相互研究を行なっているところに、アフリカの農業・農村・農学研究の大きな特色がある。つまり、学問の専門化が行なわれているのと同時に、専門分野間の複合的・境界領域的研究が進んでいるのである。アフリカという多様な自然的・社会的環境条件のもとで、日本の農学的研究は他のアフリカ研究同様、フィールド・ワークを中心とした研究法を共有させてきたことが、この同時進行を可能にしてきたと思われる。専門分野間の複合的・境界領域的研究は、今後も進展するであろう。

いっぽう、農業・農学の本質を問うような研究が進んでいることも、アフリカ研究の特色だと思われる。人間の自然に対する向き合い方やつきあい方、人間と植物（もしくは動物）をめぐる関係などの本質をめぐる研究が、アフリカ農業や農民社会の研究の中から行なわれてきているのである。最後に、研究の実践の問題がある。アフリカの農民とその家族は、現在でもアフリカの人口の過半数をしめている。食料問題や旱魃の問題が持続的に発生している中で、開発や援助の実践をより志向する研究が進んでくるであろう。しかしそのいっぽうで、今後農学研究がどのように貢献していけるのか、農業開発や援助の本質を問う研究も成立する必要があると思われる。

注

（1）米山俊直「イラク族の生活と社会」今西錦司・梅棹忠夫編『アフリカ社会の研究』西村書店、一九六八年、福井勝義「半農半牧民の生態学的考察―イラク族の移動と定住をめぐって」『アフリカ研究』第9号、日本アフリカ学会、一九六九年

（2）吉田昌夫「タンザニア土地政策史」星昭編『アフリカの植民地化と土地労働問題』アジア経済研究所、一九七五年、吉田昌夫「タンザニア南部のニャキューサ族における村落経済と土地保有慣習の変容」吉田昌夫編『アフリカ農業と土地保有』アジア経済研究所、一九七五年

（3）細見真也編『アフリカの食糧問題と農民』アジア経済研究所、一九七八年

（4）Sakamoto, S. & K. Fukui, Collection and preliminary observation of cultivated cereals and legumes in Ethiopia, *Kyoto Univ. African Studies* 7, pp.181-225（1972）
（5）掛谷誠「トングウェ族の生計維持機構―生活環境・生業・食生活」『季刊人類学』第5巻3号、講談社、一九七四年
（6）端信行「ドゥル族の村落社会―アフリカ農村社会学序章」加藤泰安・中尾佐助・梅棹忠夫編『探検・地理・民族誌』中央公論社、一九七八年、端信行「ドゥル族の季節観と農作業歴」『国立民族学博物館研究報告』第1巻3号、国立民族学博物館、一九七六年
（7）大森元吉「チガ族農民生活のダイナミックス―ウガンダ・ブハラ村の事例」『アフリカ研究』第8号、日本アフリカ学会、一九六九年
（8）和田正平「イラク地域集団の形成と変動―土地占有の諸問題」「イラク地域集団の機能と構造―半農半牧民の地縁論理」今西錦司・梅棹忠夫編『アフリカ社会の研究』西村書店、一九六八年
（9）米山俊直「東アフリカ・イラク族における若干の〈基本的概念群〉について―未開農耕民の思惟方法3」『甲南大学文学会論集』第34号、甲南大学文学部、一九六七年
（10）米山俊直「Ｋｉｖｅ湖西岸Ｂａｎｔｕ系諸族の集落と生業」『アフリカ研究』第15号、日本アフリカ学会、一九七六年
（11）福井勝義「エチオピアにおける農業研究」『アフリカ研究』第8号、日本アフリカ学会、一九六九年
（12）安渓遊地「ソンゴーラ族の農耕活動と経済活動―中央アフリカ熱帯林下の焼畑耕作」『季刊人類学』第

12巻1号、講談社、一九七九年
(13) 掛谷誠「サブシステンス・社会・超自然的存在―トングウェ族の場合」『人類学講座』第12巻、雄山閣出版、一九七七年
(14) 原口武彦「コート・ジボワールの高度経済成長と食糧生産」細見真也編『アフリカの食糧問題と農民』アジア経済研究所、一九七八年
(15) 細見真也「ガーナにおけるココア農業の拡大と農民の金融的従属」『アジア経済』第10巻2号、一九六九年、細見真也「ガーナのココア・ボードと小農輸出経済」星昭編『アフリカ諸国における経済自立』アジア経済研究所、一九六九年
(16) 島田周平「西部ナイジェリアにおける食糧生産」細見真也編『アフリカの食糧問題と農民』アジア経済研究所、一九七八年
(17) 犬飼一郎『アフリカ経済論』大明堂、一九七六年
(18) 岩城剛『アフリカの自立化と経済』日本国際問題研究所、一九八二年
(19) 吉田昌夫「タンザニア・ルフィジ河下流平野の農業調査」『アフリカ研究』第16号、日本アフリカ学会、一九七七年
(20) 宮脇幸生「首長村落をめぐる民族間関係―エチオピア西南部クシ系農牧民ツァマイの事例から」『アフリカ研究』第40号、日本アフリカ学会、一九九二年
(21) 藤本武「品種分類に映し出される人々と植物の関わり―エチオピア西南部の農耕民マロの事例から」

『アフリカ研究』第51号、日本アフリカ学会、一九九七年
(22) 松田凡「民族集団の『併合』と『同化』―エチオピア西南部ＫＯＥＧＵをめぐる民族間関係」『アフリカ研究』第38号、日本アフリカ学会、一九九一年
(23) 佐藤廉也「焼畑農耕システムにおける労働の季節配分と多様化戦略―エチオピア南西部のマジャンギルを事例として」『人文地理』第47巻6号、人文地理学会、一九九五年
(24) 池野旬『ウカンバニ―東部ケニアの小農経営』アジア経済研究所、一九八九年
(25) 高根務『ガーナのココア生産農民』アジア経済研究所、一九九九年
(26) 武内進一「コンゴの食糧流通と商人」池野旬・武内進一編『アフリカのインフォーマル・セクター再考』アジア経済研究所、一九九八年
(27) 吉田昌夫『東アフリカ社会経済論』古今書院、一九九七年
(28) 細見真也『アフリカの農業と農民』同文館、一九九二年
(29) 原口武彦編『構造調整とアフリカ農業』アジア経済研究所、一九九五年
(30) 細見真也、島田周平、池野旬『アフリカの食糧問題―ガーナ・ナイジェリア・タンザニアの事例』アジア経済研究所、一九九六年
(31) 池野旬編『アフリカ農村像の再検討』アジア経済研究所、一九九九年
(32) 米山俊直『アフリカ農耕民の世界観』弘文堂、一九九〇年
(33) K. Sakamoto. ed., *The Structure of Technique, Economy and Society of Traditional Agriculture*

in Equatorial Africa Kyoto University (1988)
(34) 祖田修『タンザニア・キロンベロ盆地の稲作農村』国際農林業協力協会、一九九六年
(35) 杉村和彦「『混作』をめぐる熱帯焼畑農耕民の価値体系―ザイール・バクム人を事例として」『アフリカ研究』第31号、日本アフリカ学会、一九八七年
(36) 杉村和彦『アフリカ農民の経済―組織原理の地域比較』世界思想社、二〇〇四年
(37) 末原達郎『赤道アフリカの食糧生産』同朋舎出版、一九九〇年
(38) 池上甲一編『東・南部アフリカにおける食糧生産の商業化がもたらす社会再編の比較研究』近畿大学農学部、一九九九年
(39) 辻村英之『南部アフリカの農村協同組合―構造調整政策下における役割と育成』日本経済評論社、一九九九年
(40) 佐藤誠『アフリカ協同組合論序説』日本経済評論社、一九八九年
(41) 佐藤千鶴子「南アフリカにおける農村研究の課題」『アフリカ研究』第51号、日本アフリカ学会、一九九七年、大倉美和「ケニア資本主義論争の再検討」『アフリカ研究』第46号、日本アフリカ学会、一九九五年
(42) その後辻村の仕事は、辻村英之『コーヒーと南北問題―「キリマンジャロ」のフードシステム』日本経済評論社、二〇〇六年、として結実している。
(43) 児玉谷史朗編『アフリカにおける商業的農業』アジア経済研究所、一九九三年

(44)末原達郎編『アフリカ経済』世界思想社、一九九八年
(45)大林稔編『アフリカ第三の変容』昭和堂、一九九八年
(46)伊谷樹一「タンザニア・トングウェの農耕」渡部忠世監修『アフリカと熱帯圏の農耕文化』大明堂、一九九五年
(47)掛谷誠「焼畑農耕社会の現在―ベンバの一〇年」田中二郎・掛谷誠・市川光雄・太田至編『続自然社会の人類学』アカデミア出版会、一九九六年、掛谷誠編『アフリカ農耕民の世界―その在来性と変容』京都大学学術出版会、二〇〇二年
(48)Shigeru Araki: Effect on soil organic matter and soil fertility of the chitemene slash-and-burn practice used in northern Zambia, pp.367-375, K. Mulongoy & R. Merckx eds *Soil Organic Matter Dynamics and Sustainability of Tropical Africa*, 1993
(49)荒木茂「アフリカ・サバンナ地帯の在来農法に学ぶ」田中耕司編『自然と結ぶ』昭和堂、二〇〇〇年
(50)大山修一「市場経済化と焼畑農耕社会の変容―ザンビア北部ベンバ社会の事例」『アフリカ農耕民の世界―その在来性と変容』京都大学学術出版会、二〇〇二年
(51)杉山祐子「『伐ること』と『焼くこと』―チテメネの開墾方法に関するベンバの説明論理と『技術』に関する考察」『アフリカ研究』第53号、日本アフリカ学会、一九九八年
(52)廣瀬昌平「ザイール・キブ湖周辺地域の作物栽培と在来農法1・作物の種類と耕作様式」廣瀬昌平・小崎隆「ザイール・キブ湖周辺地域の作物栽培と在来農法2・在来農法とその特性」『日本作物学会紀事』

第64巻別1号、日本作物学会、一九九五年
（53）廣瀬昌平、若月利之編著『西アフリカ・サバンナの生態環境の修復と農村の再生』農林統計協会、一九九七年
（54）石田英子「ギニアサバンナ帯における伝統的農業と作物生産」「ヌペの民族土壌学的研究」廣瀬昌平、若月利之編著『西アフリカ・サバンナの生態環境の修復と農村の再生』農林統計協会、一九九七年
（55）増田美砂「ギニアサバンナの人と森林」廣瀬昌平、若月利之編著『西アフリカ・サバンナの生態環境の修復と農村の再生』農林統計協会、一九九七年
（56）渡部忠世監修『アフリカと熱帯圏の農耕文化』大明堂、一九九五年
（57）Hajime Ohigashi, Mikio Kaji, Masaharu Sakai and Koichi Koshimizu: 3-Hydroxyuridene, an allelopathic factor of an African tree, *Baillonella toxisperma. Phytochemistry*, 28(5), (1989)
（58）Michael A. Huffman, Koichi Koshimizu and Hajime Ohigashi: Ethnobotany and zoopharmacognosy of *Vernonia amygdalina*, a medicinal plant used by humans and chimpanzees. *Compositae: Biology & Utilization. Proceedings of the International Compositae Conference*, Kew, 1994 (D.J.N.Hind et al. eds.), Royal Botanic Gardens, Kew (1996)

第12章　アフリカ地域研究の変容と今後の可能性

アフリカ地域研究をどうとらえるか

アフリカを研究することの意味は、研究が開始された四〇年前よりもはるかに深くなり、また違った意味へと変化しつつある。このことの原因は三つ考えられる。一つには、日本のアフリカ研究が四〇年間に相当量の蓄積がなされ、発展してきたことである。第二に、アフリカをめぐる政治的経済的状況が、最近二〇年間で大きく変化したことである。第三に、日本が置かれている経済的、社会的状況もまた変化したことである。これらの諸要因から、日本のアフリカ研究は大きく変化した。

第一の要因、すなわち研究の深化と蓄積から、日本のアフリカ研究も専門分化の道をたどることになった。しかし専門分化すると同時に、専門領域と専門領域との複合領域的研究化も始まってきている（注1）。

第二の要因、アフリカをめぐる社会経済的変化から、これまでなされてきたアフリカの地域社会の研究を、世界経済の問題、特に市場経済化と結びつける研究が始まってきたことである。具体的にはアフリカでは、一九八〇年代に始まった構造調整から社会や経済の構造が大きく変わったことが問題とされてきたが、一九九〇年代になって地域社会と構造調整をめぐる研究が続出してくる（注2）。

第三の要因から、これは第一、第二の要因とも関係して生じてきたことだが、日本のアフリカ農学研究は、単にアフリカという地域を対象とした地域研究としてだけでなく、より本質的な問題、より普遍的な問題の研究へと向かっていっていることである（注3）。アフリカ地域研究は、アフリカのもつ特殊性や異質性を抱えながらも、現代社会が直面しているより大きな問題である食料問題、農業問題、経済問題、南北問題、都市・農村問題の根源を問いかけ、本質に迫りうる重要な手がかりとなる研究へ変わりつつある。

以下では、アフリカにおける地域研究が、どのような歴史と特徴をもって発展してきたかを振り返るとともに、アフリカ地域研究がどのような問題点と直面し、どのように転換しつつあるのか論じたい。

アフリカの多様性

アフリカにおける地域研究といっても、アフリカは実に広い。面積三、〇〇〇万平方キロ、人口八億人、五三の国と地域を抱える。サハラ以南のアフリカだけをとっても、四八カ国もある。しかも、これらの国々の国境は植民地時代にその宗主国によって便宜的に決められたものが多い。

仮に民族数を見てみれば、一、六〇〇をこえるものと考えられている。このようなアフリカで、いったい地域研究の地域とは何を意味するのか。たいへん多様であることを、まず前提としておかなければならない。

民族集団を単位とする場合においても、集団を構成する人々の人数は、数十人から数百万人まで幅があるだろうし、国家を単位としたり国の行政区分を単位とする場合でも、数万人から数億人まで大きな幅がある。日本のアフリカ研究の多くが地域研究の対象としてきた地域の概念は、これよりも少し小さいものである。農村の場合は集落、村落、村落連合、牧畜民の場合には移動集団、都市の場合は街区、あるいは比較的小さな民族集団、さらに近代国家そのものではなく、その中に多数存在する小さな伝統王国等である。それぞれの研究の対象となる地域の分類の仕方、研究の方法には特色があり、同時にそれぞれの単位で地域を設定した場合には、有利な点と限界とが生じてくる。たとえば、民族集団を単位とした場合には、同一の言語や価値観に基づく文化的共通性をあきらかにできる反面で、民族間を横断する対立関係や経済格差をあきらかにしにくい、という欠点をもつ。あるいは、民族という単位自体が時には作り上げられたり変更されたりする、流動的な存在でもある。逆に、国家や行政区分を単位とした場合には、対象社会に存在する内的論理や社会構造をあきらかにしにくいという欠点をもつ。

日本のアフリカ研究では、統計的手法による研究は進展せず、より小さな社会集団を単位とした実態調査の手法による研究が強い影響を与えてきた。このことは、当初から自然科学と人文・

社会科学との共同研究が行なわれてきたこととともに、アフリカにおける統計的資料がたいへん少なく、また精度に疑問がある場合が少なくない、という事情も関係している。統計を作成している現場に行けば行くほど、統計数字をそのまま信じるのではなく、自分で実態調査を行なって、より確実なデータをとる必要性があることを実感する。わたし自身の経験からも、統計数字の意図的な改竄や、単なる計算間違いをそのまま基礎データとして積み上げ、地域単位、国家単位の数字に組み込まれていっている例を知っている。ただし、統計資料やデータの質については、国によって大きな違いがある。ここでも、アフリカにおける多様な現状を前提としなければならない。

アフリカは異質か

アフリカ研究は日本の国際地域研究の中でも、独特の位置と特質とをもっている。それは、アフリカと日本との地理的、生態環境的、歴史的関係と深く結びついている。たとえばアジア地域と比べると、アフリカはアジアよりもはるかに遠く、日本との歴史的な交流はごく限られたものにすぎない。アジア地域に見られるような、歴史的に積み重ねられてきた日本との間の多彩で深い結びつきは、アフリカ地域には存在しない。したがって、こうして積み上げられてきた歴史的諸関係や蓄積を前提とし築きあげられたアジア研究とアフリカ研究は、大きく異なっている。

いっぽう、地理的な遠さは、アフリカを日本とは異質な世界としてとらえる傾向をもたらす。

アフリカと日本の自然環境の違いも、この傾向を助長する。「砂漠」や「サバンナ」や「熱帯多雨林」といったアフリカ大陸の中心部を形づくる生態環境は、日本の生態環境には存在しないものである。生態環境の点から見ると、アフリカと日本を結ぶ共通点はほとんどなく、アフリカを日本とは異質な世界だと考える傾向を助長する。

日本の社会科学・人文科学研究においても、アフリカ研究は日本との共通性を探ったり日本との関係性を中心テーマとするよりは、アフリカの地域社会や地域文化のもつ独自性が、中心的なテーマとして研究が進められてきた。アジア世界を見る場合には、日本の社会をアジア世界のひとつとして位置づける見方も存在するし、西欧先進諸国とアジア世界との中間に日本を位置づける見方も存在する。これに対し、アフリカ世界はいつも日本の外側の世界として、むしろヨーロッパよりもはるかに遠い世界としてとらえられがちであった。しかし、アフリカ世界はほんとうに異質な世界なのだろうか。わたしはむしろ、アフリカの異質性に注目するよりも、アフリカとの共通性に焦点をあてるべき時にきていると考える。

日本におけるアフリカ研究の開始

日本においてアフリカ研究が本格化するのは、一九六〇年以降である。研究開始の時期は、世界的に見るとたいへん遅い。ヨーロッパではアフリカ研究はすでに一九世紀には本格化している。このことは、ヨーロッパ諸国の植民地獲得競争および植民地化政策と深い関わりがある。植民地として統治することと研究することとが直接結びついている場合もあったし、そうでなかった場合でも、何らかの便宜を受けていたり、有利な条件として作用していたという関係があった。

これに対し、日本がアフリカ研究を開始したのは一九六〇年代である。この時期は、アフリカの多くの国々が、植民地宗主国から独立をはたした時期に重なる。すなわち日本のアフリカ研究は、奇しくもヨーロッパの植民地政策が終わったところから開始されたことになる。結果的に、日本のアフリカ研究はヨーロッパとは反対に、政治的もしくは経済的意図とは切り離された、より純粋に科学的な研究を中心に開始されることとなった。

アフリカ研究におけるフィールド・ワークの重要性

日本のアフリカ研究のもうひとつの特徴は、その当初から、長期のフィールド・ワークに基づく実証的研究が大きな役割をはたしてきたことである。この原因のひとつは、特に京都大学を中心とするアフリカ研究において、生物学や生態学を中心とする自然科学的研究と、社会学や人類学を中心とする人文・社会科学的研究とが共同して研究グループを組織し、実態調査を行なったことにある。この研究グループは一九七〇年代に入るとそれぞれのメンバーがさらに細分化した研究領域ごとに調査グループを組織し、フィールド・ワークの方法を継承していっている。

長期のフィールド・ワークに基づく実態調査研究は、ひとつの地域社会の構造をあきらかにするところまで発展してくる。その場合、ひとつの地域社会のモノグラフ的研究がまとめられることになる。ヨーロッパにおいては、アフリカの地域社会に関する研究は一九三〇年代から五〇年代にかけて調査が実施され、その成果は一九五〇年代から六〇年代にかけて数々のモノグラフとして出版されていった。約三〇年遅れて、日本のアフリカ研究は、一九六〇年代から八〇年代にフィールド調査が実施され、一九八〇年代末から九〇年代になって、論文のスタイルで個別のテーマと発見が公表され、ほぼ同時に、地域社会の全体構造をモノグラフ的側面を強くもった書物が公表されていった。これらの研究書は必ずしも、記述を中心とした文化人類学的研究に限定されることなく、調査結果の分析やその背景となる地域社会の内的論理の分析を研究対象として、社会学、農村社会学、生態人類学、農業経済学、農学、女性学、協同組合論等の諸分野にもひろがっていった。

普通の農民の普通の農業の研究

日本のアフリカ研究が一九六〇年代から始まり、植民地主義の影響を直接受けていなかったことは、研究上でも特色を生み出すことになる。たとえば日本のアフリカ農業研究は、アフリカの一般の農民の農業技術や土地利用、労働力利用、農業経営といった点に特に関心を置き、アフリカにおける入植者たちが経営する大規模農場やプランテーション農業には、あまり関心を向けてこなかった。このことは、ヨーロッパのアフリカ農業研究と大きく異なる点である。ヨーロッパのアフリカ農業研究は、一般農民の生活を維持するための農業にはあまり関心を払わず、一括して「伝統農業」と位置づけ、むしろ人類学の研究範疇に組み入れられていた。農学研究の関心は、輸出される商品作物用の農業や、植民者の経営する近代的大規模農場や農業に、主として向けられていた。また、焼畑農業や移動式農業を基本とする従来のアフリカの農業は、ヨーロッパの近代農業とはあまりに大きく異なっていたが、両者を結びつけるような中間的な農業技術や段階が存在しなかった。こうした場合、ヨーロッパにおけるアフリカの農業研究は、ヨーロッパ農業の改良やヨーロッパ農業をアフリカへ適応する研究を中心課題とすることになった。

これに対し、日本の研究のアフリカ農業への関心は、アフリカの「ごく普通の」農民の行なう農業に向けられていった。生態環境の違いによって、農業技術や農業組織は、どのような違いを見せるのか。環境や民族の違いにより、休閑体系や土地制度はどのように異なるのか。あるいは、牧畜を中心とした生活をする人々が、どのように環境を利用し、どのように社会を編成し、どのように家畜を認識し、どのような価値観をもっているのか。半農半牧や狩猟採集を中心として生活する人々と、農業を中心として生活をする人々とでは、生活の様式や価値観や社会制度がどのように異なっており、また互いにどのように関係しあっているか、といった点に関心がもたれた。

日本における研究の蓄積と拡大

日本におけるアフリカ研究は、開始の時期が一九六〇年代と遅かったにもかかわらず、一九八〇年代から九〇年代にかけて質的にも深化し、量的にも拡大した。一九六〇年代に研究を開始していた人々の大部分が、それぞれの専門分野を中心に研究集団を立ち上げ、若手の研究者を組み入れ、実態調査を積み重ねていったからである。

最初、自然科学と、人文・社会科学との間においても共同研究が行なわれていたアフリカ研究も、徐々に細分化され、専門領域ごとに研究組織がつくられるようになった。たとえば農学および農業研究を例にとると、一九六〇年代の当初から農村社会学的研究や栽培植物学的研究が行なわれていたが、一九八〇年代以降、農業経済学的研究、農学的研究、栽培植物学的研究、焼畑農業研究、市場経済と社会構造の研究、土壌学的研究などが、独自の研究グループとして組織され、調査を開始していった。それぞれの研究は、研究分野とともに研究対象地域についても、いくつかの中心となる研究地域を作りだしていった。この結果、ある特定の地域研究では、実態調査による経年のデータが集積されてくるようになり、これまでの研究者ごとの地域の設定から、同じ地域の研究データが複数の研究者によって蓄積され、利用されることも可能になった。また、一九六〇年代に調査を開始し、現在まで調査を持続し続けている研究者も増え、四〇年間の時間経過を含んだ、長期のデータによる分析や長期間の社会変動の分析が可能になってきた。

小さな社会と内的論理の探求

長期間にわたる、小規模な社会における集中的な調査を主眼とした地域研究は、具体的な社会関係を分析するところから始まり、社会関係相互間の関係の分析を通じて社会構造をあきらかにするという手法をとる。しかし、目に見える範囲での実態調査は、しばしば対象となる地域社会を閉じた社会とみなしてしまう傾向がある。具体的な社会関係を分析する場合には、どこかで境界線を引かなければならないが、境界線を引いた途端、対象となる地域社会が実体として創りだされ、結果的に地域社会の内側の世界と外側の世界とを明確に区別し、時には両者の対立的な関係が強調されることになる。

自省の意味をこめてわたし自身の研究の例を引くと、次のようなことになる。わたしは、ザィール（現在のコンゴ民主）共和国の東部にある、キブ州カレヘ郡ブロホ村落連合ムニャンジロ村で食料生産と社会経済構造の調査を行なった。ムニャンジロ村は人口約三、〇〇〇人、テンボ人を中心とした村である。この村の農家は、焼畑農業でバナナ、キャッサバ、インゲンマメ、トウモロコシ、ヤム等の作物を栽培し、自給用の食料とするとともに、農産物の一部を定期市に売りにだして現金収入を得ていた。

調査は一軒の農家に間借りし、毎日、農作業に出かけ、農作業を習いながら一筆一筆の耕地の面積を測量し、地図を作ることから始めた。一年おきに数か月ずつ、五、六年間にわたって農作業の体系や作付け体系を記録し、土地利用の実態と農業労働の実態を記録し、家族の構成と家計を記録し、作物ごとの収穫量や販売額を記録していった。徐々に、その農家と農家のある集落の、食料生産のシステムがあきらかになってきた。量的な記録や作業の記録などは客観的に記録ができたが、実は問題になったのは社会を構成するより基本的な単位や概念であった。

たとえば、「農家」という概念はいったい何であり、テンボ語の用語では何を意味しているのか。あるいは、「土地」という概念や「畑」という概念は何であり、何を意味しているのか。これらの語に近いテンボ語は存在するが、それらはテンボ語の類似の概念との対立的な関係の中で、意味が確定する。また、こうしたキー概念となる言葉は、テンボ人の社会制度と分かちがたく結びついている。ちょうど日本の農村社会学で、「家」と「村」という日本語が、独特の意味内容をもって日本農村の社会構造の分析の中心に位置したように、ムニャンジロ村ではテンボ語の基礎概念が、社会経済構造の分析の中心に位置することになる。たとえば、「土地」という概念は、テンボの社会では首長と深く結びついており、首長の管理下にあり、農民たちが土地を「所有」しているわけではない。農民たちが実際に利用したり管理するのは、「土地」ではなく「畑」である。しかも、「畑」は焼畑の移行の状態によって、名前が何段階かに分けて付けられており、実際に各世帯が利用できるのは現在「作物が栽培されている畑」だけである。「土地」と「畑」をめぐる諸概念は、首長と農民という社会関係や、焼畑農耕の休閑様式を反映したものになっている。このように村落社会の社会経済構造を分析するためには、その社会の内的な論理構造をあきらかにしていかなければならないことになる。

具体的な地域社会の分析や記録は、閉じた社会の内部で完結させなければ、いつまでたってもきりがないことになる。しかし、実際は地域社会は閉じた体系ではない。そこで、これらの小さな地域社会とその外側の大きな社会との関係が問われることになる。わたし自身の研究では、村落から村落連合の比較を経て、異なる民族の地域社会の農業の比較に進んだが、時によってはさらに外側の、近代国家としてのザィールや国際的な市場との関係こそが問われることになる。

小さな世界と外部世界—フィールドから見えるもの、見えないもの

ザィールの一農村で集中的な調査をしていた時、どうしても不思議で理解できない事件がいくつか起こった。ひとつは、村から農産物をもっていく定期市の場で、農産物価格が低く押さえられ、あまりの価格に低さに怒った村の女性たちが市の場に農産物を出すことを拒否した事件である。村人の話では、都市からやってくる買い付け商人たちが、利益を上げるために、不当に安い価格で買っているということだった。女性たちは定期市のたつ村に留まり、倉庫の中に農作物を取り込んでしまい、買い付け商人に一切農作物を売らなかった。仲裁にきたキブ州の副知事と四日間にわたり交渉をし、わずかながらであったが農産物価格の値上げを勝ち取った。この事件は村の中から見るかぎり、女性たちの連帯の強さと、都市と農村の農産物価格をめぐる対立に映った。しかし、より大きな目で見ると、この時期、ザィール政府は給料の遅配と、急激なインフレーションが原因で起きてきた都市住民の不満を押さえるため、食料価格の上昇を意図的に押さえていたことがわかった。州政府自体が買い付け商人に圧力を加え、買い付け価格を低く設定させていた。このような価格政策が行なわれているかどうかは、村の中からではよく見えない。

もうひとつ別の事件も、村の外側から起こった。ザィール政府が発行している紙幣が、突然使

用停止になり、新しい紙幣へと転換されたのである。旧紙幣から新紙幣の切り替えは、わずかな猶予期間があった。しかし、村の中に情報が入るのは遅れ、また実際に旧紙幣と新紙幣を交換するためには、銀行のある都市まで出かけて行かなければならない。銀行で手続きをとり新紙幣に交換するのには、さらに時間がかかる。都市まで出かけるお金も経験ももたない住民も、少なくなかった。結果的に、村人の多くは旧紙幣を新紙幣に交換することができないまま、新札への交換期間は過ぎ去った。村人たちは蓄積してきたザィール通貨が利用できなくなってしまった。その後、ザィール通貨は値下がりを続け、さらに一挙に暴落することになる。この一連の経験を通して、村人たちはザィール政府とザィール通貨への信頼を失い、ザィール通貨よりもむしろ現物経済へと、蓄積の形態を移行していくことになる。

このような事件、あるいは経済的変化は、地域社会の内部だけでは、いったい何が起きているのか、解釈のつかない事項である。しかし、地域社会の社会経済構造に、実際に大きな影響を与える本質的な変化でもある。また、一九八〇年代にザィールはＩＭＦの構造調整政策を受け入れていたが、一九八八年債務返済を停止してしまい、それ以降外国からの資金流入が止まってしまった。一九九一年には経済的な破綻から都市部で大規模な内乱が勃発した。さらに、隣接するルワンダで虐殺が起こり、ルワンダ難民が大量にキブ州に流れこみ、地元住民の生活や生態環境に大きな影響をおよぼした。一九九七年に、ついに三〇年間続いたモブツ政権は崩壊し、カビラ政権が誕生する。しかし、その後も国家全体を統合する政府は存在せず、キンシャサを中心とする政権と東部地域を中心とする政権が分立し、内戦状態が続いているのが現状である。

構造調整の波

アフリカの地域社会の研究は、一九八〇年代から九〇年代にかけて大きな変化を余儀なくされる。それは、国家という枠組みの外側からやってきた変化に、地域研究がどう対応するかという問題でもあった。この時期に起きた大きな変化を、わたしは「構造調整の波」とよんでおく。

ザィールをはじめとするアフリカの国家は、一九八〇年代にはすでに多額の累積債務を抱えていた。ちなみに、一九七一年にサハラ以南のアフリカが抱えていた対外債務は九二億ドルであったが、一九八一年には七四四億ドルに増加し、一九八五年以降は毎年一、〇〇〇億ドルをこえるようになっていた。この債務問題を解決するために、IMFと世界銀行は構造調整という一連の政策に基づく融資を実施することになる。構造調整政策は、直接的にはこれらの国々が陥っている経済危機、すなわち貿易赤字の額と財政赤字の額を減らそうとする政策で、経済活動をできるだけ市場の原理にまかせ、政府の市場への介入を可能なかぎり排除し、公的部門や政府部門の縮小をはかり、貿易面では輸入量の制限や関税などの撤廃を行ない、為替レートにおける公定レートを実質レートと一致させる政策等が行なわれる（注4）。

世界銀行とIMFはアフリカに限らず、一九七〇年代に起こっていた多額の累積債務を融資対象国に返済させるために、融資対象国の経済制度を変革させる必要があると考えていた。経済制度の根本的な変革を意図して、融資対象国に厳しい融資条件（コンディショナリティ）を付けて行なわれた融資が構造調整融資であり、一九八〇年から始まった。アフリカにおいても、一九八〇年にケニアを皮切りに拡大していく。国によってさまざまな形態をとってはいるが、一九八〇年から一九九五年にかけてサハラ以南のアフリカの四三カ国のうち三八カ国で実施されることになる。この構造調整政策は、アフリカの国々の国家の経済構造だけでなく社会構造や地域社会の経済構造をも大きく変えていった。

よりはっきりとした形で、構造調整政策が地域社会の構造を変えていった例は、タンザニアである。タンザニアは一九六一年の独立以降、ニエレレ大統領によって独自の社会主義的政策を実行していった国である。一九六七年以降はウジャマー（家族主義的）社会主義政策をとり、農業の共同化と農民の集村化が行なわれた。特に一九七五年以降はウジャマー村が単位となって共同農業を営み、生産物はウジャマー村によって買い上げられる形態まで進んだ。ところが一九八〇年には、タンザニアは経済危機をむかえる。多額の対外債務を抱え、タンザニア政府は独自の経済再建計画を立てるが危機は回避できず、一九八七年以降、IMFの構造調整政策を受け入れることになった。何次かにわたる構造調整の結果、タンザニアの為替管理は自由化され、公共部門は縮小されマーケッティング・ボードは機能しなくなった。それらに代わって、買い付け商人たちが農村をくまなく訪れ、トラックを運転する仲買い業者が都市と農村を結ぶようになった。また、都市住民のための野菜の生産が盛んになり農産物の種類も増えたが、これは流通制度が自由化されたことと関係が深い。公的なしくみに代わって私的なしくみが機能しだしたことになる。こうした一連の市場化政策に対応して、村では土地の登記が始まるという噂がたち、村人たちは村からはるかに離れた他の州まで出かけて行き、利用されていない荒蕪地を借り受け、焼畑を造成しはじめた（注5）。

このように一九八〇年代から九〇年代にタンザニアの農村で見られた社会経済構造の変化は、タンザニアという国家の経済体制の変化でもあるが、実はこの変化はＩＭＦと世界銀行が行なった構造調整政策によってもたらされた変化であった。この時期、サハラ以南のアフリカの多くの国は、同様の経済構造の変化を余儀なくされており、市場経済化と国家部門の縮小を目的とした金融政策、財政政策、貿易政策、産業構造政策、制度変化のための諸政策等、がとられた。農業の分野では、農産物価格の自由化、マーケッティング・ボードの撤廃や縮小、農業生産と農産物流通の自由化等が行なわれた。

市場経済化と地域社会研究の変貌

アフリカの国々にとって構造調整という市場経済化は、一九六〇年代の植民地からの独立に匹敵する大変動であった。地域社会もまたこの変動の影響を受け、大きく変化した。また、地域社会の研究者もこの変動を研究の枠組みの中に含めざるをえなかった。これ以降、アフリカ社会研究や農業研究の研究者は、構造調整に関する地域社会の変動の研究を数多く発表していくことになる。

アフリカにおける構造調整は、多額の負債を抱えるアフリカの諸国家にとって、避けようのないものであった。都市の住民も農民も否応なく、市場化の波にのみこまれていった。その結果、多くの問題点も指摘されるようになった。急激な市場化は社会的弱者と貧困層、特に老人や病人や子供を直撃し生きる権利を脅かしているのではないか、といった指摘である。これらの指摘は地域研究者だけでなく、ユニセフやユネスコ等の国際機関からも行なわれた。急激なインフレが起きて止まらない国や、大量の失業者を生み出した国や、国家部門、公営部門の急激な縮小のために、さまざまな住民サービスが止まってしまったところなどがあり、特に病院や学校などの公共福祉や教育の分野では、深刻な影響を受けたところが多かったからである。別の側面からは、経済構造を改革しても市場原理で動かないのは、統治機構がうまく運営されていなかったり、縁故主義が根強かったりするからではないか、という疑問がだされた。やがて一九九〇年代には構造調整と政府の公正性やグッド・ガバナンス、民主化とが結びつけて語られるようになる。

構造調整という地球規模の政策は、地域社会と世界全体の関係とをあきらかにして、見せてくれる役割をはたした。アフリカの片隅の地域社会が、われわれの生活とどのように関係しているのか、今までは国家という媒介を通じていたので見えにくかったことがらが、直接見えてくるようになった。変動を起こす原因となったのは、アフリカの地域社会ではなく、アフリカからはるかに離れた西欧先進国で作られたプランである。逆に、生活そのものが変化し、逼迫し、直接影響を受けているのは、アフリカの農民や都市の住民である。生活世界にいる村人には、国家と世界経済を単位とする市場経済とのせめぎあいは、理解することができない。いっぽう、新しい経済システムを導入しようとしたエコノミストは、実際の農村における生活の変化をよく知らない。両者の間には、深い断絶がある。互いに相手の世界や相手の論理を知らないところに、大きな問題があるとわたしは考える。地域研究者としては、この結びつきをどう理解しどう研究しどう関係していくかということが課題となってくる。

アフリカ地域研究のアフリカ農業に対する貢献

アフリカの国々にとって、一九九〇年代に入ってから日本の重要性は、たいへん増してきた。たとえば一九九六年には、日本はアフリカの国々の六カ国（ケニア、ガーナ、ボツワナ、ベナン、タンザニア、ジンバブエ）で、ヨーロッパやアメリカを押さえて最大の援助国になっている。もっとも援助の額の大きさから見れば、アフリカへの二カ国間援助の比率はアジアの国々に比べれば少ない。一九九七年においては援助額全体の一二％、約八億ドルがアフリカ向けとなっている。

しかし、日本から見れば大きな額ではない援助であるとしても、援助を受ける側の国にとっては、日本のもつ経済的、社会的、文化的意味は大きい。特にこれらの国々の学生や大学院生が、援助国の第一位となっている日本で、自国の経済発展や食料生産のための研究を行なおうという希望をもっている者も多い。

それでは、それに答えられるだけの研究体制や教育体制が、日本では整えられているだろうか。あるいは、それらの国々の農業政策や環境政策の指針となるような研究は、なされているだろうか。現実には、とてもそのような状況にはない。個々の研究者が個別に大学院生や研究者を受け入れたり、共同研究をすすめているのが現状である。

アフリカ農業に関する研究について言えば、日本のアフリカ研究は在来のアフリカ農業の実態を研究することから始めたが、どのように生活を豊かにするかについての研究は、現在のところ、まだ少ない。しかし、アフリカの食料問題の研究やその実践活動をしようと希望する若い人々は増えている。アフリカの農民や農業や食料不足の研究を特殊で異質なものを対象とする地域研究ではなく、地球全体における食料不足や飢餓に関する研究や実践の一つの地域の例として行なっていくことが必要だと思われる。

アフリカ地域研究によってもたらされるもの

これまで、日本の研究者がアフリカ研究に対して貢献できる可能性のことを考えてきたが、忘れてはならないのはアフリカ研究によって日本の研究自体が豊かさを増すことの可能性の方である。われわれはアフリカの農業というと、遅れたもの、発展していないものと先入観をもって考えるが、これまで前提とされていた「進歩した農業」そのもののあり方が問われている時に、アフリカ農業を通して、人間と自然との関わり方、自然と農業との関わり方は、われわれ自身の農業と環境との関わり方、あるいは食料を通しての人間と人間との関わり方を、その根底から再考させてくれるものとなるだろう。

また本章の最初に、アフリカ農業と日本の農業との相違について述べたが、その条件の相違こそが、日本の農業研究になかった分野や視点を補わせ、広がりをもたらすものと思われる。まったく異質と思われる農業や農民社会の中に、世界の農業と日本の農業を通底する何かがあるはずであり、日本の農学研究が世界的な視点を獲得するためには、アフリカ研究のはたす役割と意味は大きくなるだろう。

また、日本の農業研究はこれまで、西欧の農学や先進国の農業の視点を基準として研究が進んできたが、これからは地球全体の食料や農業問題を考えていく時代である。そのためには、これまで以上に発展途上国の農業や農民の生活の状況や視点や論理を、視野に入れる必要がある。今後の農学研究が、地球全体の農業を研究する時代に入れば入るほど、アフリカや南米やアジアの人々の生活と直接結びつき、現場にフィードバックしながら構築される農業や農学こそが生まれてくる時だと考える。

フィールドから思考する

地球規模の経済の中心がニューヨークや先進国の都市の中にあったとしても、いっぽうでは人間の生活に根ざした経済が、アフリカや東南アジアや日本の農村の中に存在している。また、農業という営為をその全体像として見るとすれば、地球規模で人間の生活に根ざした農業がどのように存続していくのか、あるいはどのように変化していくのかを見ることは、経済の問題であるだけでなく、文化の問題であり、社会の問題でもある。それは同時にわれわれの社会や、農業や、人間と自然との関係や、都市と農村との関係や、自然環境と人間との関係や、地域社会における人間と人間との関係を、根底から見直す作業でもある。

このような作業を行なう時に、わたし自身は、日本という先進国の中の内部からだけで、思考し続けることを選ぼうとは思わない。

また、これらの諸問題をめぐる思考が、しっかりとしたリアリティーをもって考察し続けられるためには、フィールド・ワークを通じて、地球のもうひとつの端に生きる人々との生活と思考の共有が必要だと考えている。

注

（1）たとえば、ザンビアのチテメネ農法に関する土壌学と生態学と農耕技術に関する研究（掛谷誠「焼畑農耕社会の現在」田中二郎・掛谷誠他編『続自然社会の人類学』アカデミア出版会、一九九六年、S. Araki, *Effect on Soil Organic Matter and Soil Fertility of the Chitemene Slash-and-burn Practice Used in Northern Zambia*, IITA/K. U. Leuven, 1993）、ナイジェリアにおける稲作のオン・ファームリサーチと伝統農業とアグロ・フォレストリーの研究（廣瀬昌平、若月利之編著『西アフリカ・サバンナの生態環境の修復と農村の再生』農林統計協会、一九九七年）、タンザニアにおける薬用植物と生理活性物質に関する食品工学と霊長類生態学との研究（大東肇、M.A.Huffman、小清水弘一「野生チンパンジーの薬用的植物利用に関する化学生態学的研究—*Vernonia amygdalina* を例に」『アフリカ研究』第48号、日本アフリカ学会、一九九六年）などである。

（2）たとえば、小さな農村社会や協同組合が構造調整の影響下でどのように変化したかをテーマとした農業経済学的研究（辻村英之『南部アフリカの農村協同組合—構造調整政策下における役割と育成』日本経済評論社、一九九九年、原口武彦編『構造調整とアフリカ農業』アジア経済研究所、一九九五年、大林稔編『アフリカ第三の変容』昭和堂、一九九八年）、構造調整下の都市住民の生活実践の社会学的研究（M. Matsuda, *Urbanization from Below*, Kyoto University Press, 1998）、エコノミストによるアフリカの社会構造の把握の方法に関する研究（高橋基樹「現代アフリカにおける国家と市場—資源配分システムと小農発展政策の観点から」『アフリカ研究』第52号、日本アフリカ学会、一九九八年）などが見られる。

（3）たとえば、アフリカ農耕民の農耕技術とその説明原理をその世界観からあきらかにしようとする研究（杉山祐子「『伐ること』と『焼くこと』」『アフリカ研究』第53号、日本アフリカ学会、一九九八年）、在来農業科学の解釈を通じて植物と人類との本質的な関係をあきらかにしようとする研究（重田眞義・高村泰雄編『アフリカ農業の諸問題』京都大学学術出版会、一九九八年）や、ザィール農民の畑や農耕技術への考え方から混作を通して農業生産の本質をあきらかにしようとする研究（杉村和彦「『混作』をめぐる焼畑農耕民の価値体系」『アフリカ研究』31号、日本アフリカ学会、一九八七年）などが生まれてきている。

（4）末原達郎編『アフリカ経済』世界思想社、一九九八年、一二ページ

（5）末原達郎「市場経済化と社会変容」大林稔編『アフリカ第三の変容』昭和堂、一九九八年

第13章

腕輪の貨幣――コンゴ東部農耕民社会における腕輪、食べ物、家畜

ブテア―テンボ人の腕輪

ひとつの小さな、丸い輪がある。重さは一グラムにもみたない。直径は一〇センチあまり。全体が黒く、輪の周りに何度も同じ繊維を結んで作られたとげ状の突起が、外側にずらりと並んでいる。

名前は、ブテアという。ラフィアヤシで作られた腕輪のことで、テンボ語ではこうよばれている。精巧なもので、結び目は、小さく、硬く、けっして解けないように結ばれている。ラフィアヤシは、テンボ民族の居住する大地溝帯の西側の地域では、それほど特殊な植物ではない。ラフィアヤシほど一般的ではないが、それでも村のあちこちで、ラフィアヤシの木が立っているのを見ることができる。葉から取った繊維で、しばしばマットや籠が編まれる。ブテアは、このラフィアヤシの繊維を、丁寧に編み結んで作られた腕輪である。

テンボの人々が住んでいるのは、アフリカ大陸の東部、グレート・リフト・バレーとよばれる大地の裂け目の近くである。ナイル川に沿って南進したグレート・リフト・バレーはウガンダ周

辺で、アルバート湖、エドワード湖、キブ湖、タンガニーカ湖と続く西大地溝帯と、トゥルカナ湖、エヤシ湖と続く東大地溝帯とに分かれる。やがてそれらは、マラウィ近辺でマラウィ湖としてもう一度合体し、ザンベジ川を経て太平洋に出ることになる。テンボの人々は、この西大地溝帯の、キブ湖の西側に位置する森林地域に住む人々である。

大地溝帯に沿った地域では、多くの民族が歴史的にも民族移動を繰り返してきた。キブ湖の周辺ですら、ナイロート系の牧畜民族が何波もの集団で移動し、それぞれの地域に定住していった。たとえば、キブ湖の東岸にはツチ系の人々が住み、ルワンダ王国を建てた。キブ湖の南岸には、やはり牧畜民系の人々が王族として入り込んだバシ王国ができた。もっとも、ルワンダ王国にしても、バシ王国にしても、住民の大部分は農耕民系の人々であったのだが。

バシとテンボにおける牛

テンボの人々が住んでいるのは、バシ王国のさらに西側にあたる。キブ湖から競りあがった西大地溝帯の山脈は高度二、〇〇〇から三、〇〇〇メートルにも達するが、その山脈のさらに西側はなだらかな斜面になっていて、ゆっくりとコンゴ河の集水域へと連なっている。森林もマウンテン・フォレストからトロピカル・レイン・フォレストへと徐々にその姿を変えていく。テンボの人々は、この森林の中で、焼畑農耕をして生きている。テンボの人々は小型の家畜を飼っている。山羊、豚、羊、鶏、しかし、牛を飼うことはない。これは隣接するバシの人々との大きな違いのひとつである。

バシの人々は、テンボ人と同様に焼畑農耕で生活を立てているが、同時に牛の飼育も行なっている。牛を農耕に用いることはないが、土地の一部を牛の放牧地にして利用し、牛を飼うことを大事な目標とする。なぜなら、牛こそは、バシの人々にとって重要な財産であるからだ。

牛はなぜ、バシの人々にとって重要なのだろうか。ひとつには、動産として財産を蓄積することができるからであろう。ひとつには、バシの王族が、歴史的に牛を飼い続ける牧畜民の血を引き継いだ子孫であることが、考えられる。第三に、バシの社会では、いまでも牛が婚資となっていることが、あげられるだろう。

バシの社会では、今でも結婚の際の婚資として、牛何頭という数え方がなされている。婚資というのは、結婚に際して、妻をもらう側の親族が、妻を与える側の親族に対して支払う金銭のことを意味している。婚資の額は、親族どうしの社会的地位や相互関係によって変わっていき、牛二頭、牛四頭、牛八頭、などというようになる。

実際、バシの社会では牛が飼育され、時に応じて、このように牛が婚資として支払われるのであるから、牛を中心とした価値観は連綿と続いていると考えていいだろう。もちろん現在では、牛だけではなく、婚資を現金で支払う場合も少なくない。そのような場合にも、牛何頭というのが、現金による計算をする場合の根拠となっている。

ところで、テンボの人々の社会においても、結婚に際して、婚資が支払われることになる。今日では、婚資は、牛か山羊、もしくは現金で支払われている。テンボの社会で不思議に思うことは、なぜ、牛を飼育しないテンボの人々が、牛を基準として婚資を考えているかということである。歴史的にテンボの人々が牛を飼育してこなかったのは、牛の飼育自体が、熱帯雨林地帯に位置するテンボ人の領域においては、難しかったことが考えられる。それにもかかわらず、なぜ牛を、婚資の財とするのであろうか。テンボの人々はしばしば、山羊何頭を牛一頭と換算して計算している。そうだとすると、婚資の財は、かつては山羊だったのであろうか。

実際、婚資の額が定まり、結婚の儀が整うと、婚出する女性がいるテンボの村には、牛が一頭連れてこられる。牛自体はテンボの社会にはいないのだから、隣接するバシの人々の村に行って買ってきたものである。さらに手に入れられた牛は、再び市場や他の場所に行って売りに出されるのだから、われわれよそ者には奇妙なことをしているように、見えてしまう。

しかも、牛はしばしば、現金で代替される。このようなまわりくどい方法を取るよりも、現金を用いた方が、より具体的でかつ現実的だからである。どうも、牛を実際に飼育しているバシの社会における婚資としての牛の意味と、牛を実際には飼育していないテンボ社会における婚資としての牛の意味とは、根底的に異なると考えられる。

おそらくは、テンボにおける婚資としての牛という概念自体が、隣接するバシの人々の社会から借りてきた概念ではないかと思われる。なぜなら、テンボ人の社会制度におけるさまざまな組織もまた、バシの人々の社会制度を真似ていると考えられる部分が少なくないからである。

テンボの交換媒体

それではテンボの社会で、本来は何が婚資として用いられたか、を聞き取っていった末に出てきたのが、ブテア（腕輪）であった。牛や山羊などの家畜が婚資として利用される以前は、実は、ブテアこそがテンボ社会の婚資であった。ブテアは、花嫁を娶る男性の親族が、一日の労働とは別に、それ専用の労働を行なうことによって作り出されたものである。ブテアの一つ一つを見てみると、その製作にどれほど丁寧に時間をかけて行なわれたかがわかる。一つのブテアの周りには、一〇〇をこえる結び目があり、その一つ一つが突起を作り出しているわけだから、かなりの時間がかかることになる。しかも、婚資として用いられる場合には、ブテアの数は三、〇〇〇から五、〇〇〇もの数で贈られたと言われている。三、〇〇〇から五、〇〇〇ものブテアを作るには、どれほどの時間がかかったことだろう。

ブテアが作られた時代、テンボの人々は四種類の交換媒体をもっていたと語られている。第一は貨幣。これは、ヨーロッパ人によってもたらされたものであった。第二はブテア。女性と結婚して、女性の労働力を確保することにもつながった。第三は、山羊や鶏などの小型家畜。畑を借りる時や、ものごとのお礼などに用いられた。第四が食料となる農作物である。これらは、お互いに食料を与え合ったり、助け合ったり、共同労働をする時に用いられた。

これら四種類の貨幣は、時によってはお互いに交換することが可能であった。山羊や鶏などの小型家畜は、時には現金と取り替えることも可能であった。また現金で、これらの小型家畜を買うことは、いつでも可能であった。同様に、食物を市へ運び、現金に買えることも可能であった。また、現金で食物を買うことは、村の中では行なわれていなかったが、町に出たり、市の場に出れば、それも可能であった。これに対してブテアは、これらのものと交換可能な体系の中には含まれていなかった。ブテアは買うものではなく、貰うものであった。また親族や姉妹の中の誰かが婚出したとすれば、大量のブテアがその親族の中に入ってくることになる。そのような親族は、次に婚資を支払うことに、何の心配もする必要がなかったはずである。

もし、一人の男子と三人の姉妹をもつ親族がいて、その三人の姉妹が次々と婚出していったとすれば、その親族には、一万個から一万五、〇〇〇個のブテアがもたらされることになる。たった一人の男子であれば、その親族は労せずして婚資を支払い、その男子のために妻を迎えることができるだろう。

さらに、このテンボの人々の中には、もう一つ複雑な社会制度が存在している。それは、一夫多妻が可能な社会だということである。一夫多妻制においては、一人の男性が複数の女性と結婚し妻とすることが可能となる。たとえば、前述の三人の姉妹をもったった一人の男性は、蓄積されたブテアの量から考えると、三人の女性と結婚することが可能となってくる。複数の女性と結婚することは、家族労働力の強化にもつながり、焼畑農業に依存する社会では、家族労働力の増加は、その家族の豊かさをも保障していくことになる。すなわち、多くの姉妹をもっているということは、それらの姉妹が婚出する前に多くの労働力を提供するだけではなく、婚出後もブテアを通じて、自分の兄弟と家族に、多くの女性労働力を提供することができるということにつながっていたのである。

いっぽう、女性の姉妹をもたない男性とその親族ではどうなったのであろうか。姉妹をもたない男性とその親族は、結婚を通じてブテアを手に入れることができない。もし、そのままブテアを獲得できないとすれば、男性の結婚さえも不可能になってくる。そのためには新たにブテアを作るほかない。男性の親族の女性は、男性の結婚のためのブテアを作るために、農業労働以外に多くの時間を費やさざるを得ない。逆に言えば、農作業に労働を集中できなくなり、農産物の生産量も少なくなるであろう。

アフリカにおける多中心性の貨幣

アフリカの社会において、交換の媒体となっているものが複数あるという報告は多数存在する。なかでもボハナンは、ナイジェリアのティブの社会を研究して、三つの領域における貨幣の利用を分析している（注1）。第一の領域は食物の領域であり、ヤムイモや穀物が贈与されたり、交換されたりしている。第二は市場における交換とは関係のないもので、金属の棒（metal rod）が媒介物として利用されている。この領域では、奴隷や、呪術用の薬、儀礼での役職などが交換される。第三は人間、特に女性に対する権利の交換の領域であり、ここでは真鍮の棒（brass rod）

が用いられている。ボハナンによると、ティブの社会においては、結婚は原則として姉妹交換婚であった。また、男性は後見人となる一人の娘を親族集団の中にもっており、その女性が他の親族集団に婚出した時に、相手の集団から自分の妻となる女性を娶ることができるというルールになっている。この場合、もし相手の親族集団から妻を貰わない場合には、真鍮の棒が贈り物として贈られることになる。

ボハナンのこの論文における要旨は、このティブの社会に現金が導入されたことにより、多くの中心をもって（multi-centric）形成されていた交換の領域（注2）が、ヨーロッパより持ち込まれた貨幣によって一元化されるという点にあった。しかし、ここではまず、テンボ社会とティブ社会における経済構造の類似性について指摘しておきたい。

テンボ社会は、コンゴのキブ湖の西岸にあり、ボハナンの分析したナイジェリアのティブ社会とは、地理的には大きく離れており、その距離は直線距離にして三、〇〇〇キロ近く離れている。しかも、両者は東西に遠く離れているので、民族移動等による影響は受けていないと考えられる。

それにもかかわらず、二つの社会には、いくつかの共通点が存在する。第一は、交換の媒体が複数あり、それらは原則として互いに交換されえないこと。テンボ人の社会で見られた四つの交換の媒体は、ちょうどティブ人の社会で見られた三つの交換の領域に、ヨーロッパ的貨幣の領域が加わってできた状態とみなすことができる。ただし、この貨幣の領域はティブで見られたように、交換のすべてを一元化してしまってはいないことに、注意すべきだろう。媒体としての貨幣は、異なる媒体との間で一部分は交換可能になっているが、交換可能でない部分も残しており、また交換不可能な媒体も存在していることである。特に、ブテアとの交換は、この例外の媒体と考えられる。

第二には、結婚に関連して特殊な交換の媒体が用いられており、それらは、女性を妻として迎え入れる（婚入させる）側の親族から、女性を婚出させる側の親族に対して支払われているという点である。

第三には、食物に関しては貨幣との交換が比較的容易に進むが、それ以外の媒体では、交換の媒体の統合はそう簡単には進まないという点である。

いっぽう、二つの社会における相違点も見えてくる。テンボの社会では、ブテアが村人自身の手によって作り出され、交換の媒体としての機能をもつことができたが、ティブの社会ではそのような役割を真鍮の棒に見出すことはできない。真鍮の棒は作り出すのに、その基となる金属材料を確保しなければならず、さらには特殊な技術を用いて加工しなければならない。これに対しブテアの製作は、材料であるラフィアヤシの繊維を地元で獲得することも容易であるし、それを加工して腕輪にする技術も容易である。ただ、多くの労働力を用いて、丁寧に、積み重ねていけばいいだけである。しかし、ラフィアヤシの腕輪は、真鍮の棒ほどには永続性をもっていない。相当に頑強なものではあるが、それでも摩滅したり、破損したり、焼失したりすることが考えられる。テンボの社会の中で固定的に存在しているのではなく、喪失したり、必要に応じて作られたりする存在である。

労働の表象

ブテアは、わたしには、どう見てもテンボ社会における「労働の表象」のように見える。大量の労働力を、ラフィアヤシの繊維の加工に投じて作られた腕輪は、秩序をもった美しさと同時に、労働力を吸収したものとしての美しさをもっている。手間のかかった仕事、手の込んだ仕事だけがあらわしうる美しさである。一個のブテアにおいてすらそう見えるのだから、三、四、〇〇〇個のブテアの集合体がもつ美しさは、やはり「労働の表象」としての美しさではないだろうか。

労働というものは、目に見えるものではない。それは時間のプロセスとともに消えていくものである。ただし、労働の後には、それらの労働を吸収したなんらかのものが残ることがある。手のかかる作業の後には、手の込んだ物が残される場合がある。ラフィアヤシの繊維は、こうした手のかかる労働を組み込むのに適した材料である。多くのラフィアヤシの繊維は、大量の労働を組み込むことによって、美しい布へと姿を変える。ラフィアヤシの繊維で織られた布は、繊細なラフィアマットとして、美しさを競うことになる。ブテアはラフィアマットほど、見た目の美しさはないかもしれない。しかし、大量の労働を組み込んだ手間のかかる仕事がなされた腕輪、としての美しさを保っていることも事実である。

ティブとテンボの相異

ところで、テンボ社会においては、交換をめぐる四つの媒体は、どのように変遷を遂げていったのであろうか。少なくとも独立期までには、四つの交換媒体のうち、ブテアは実質的な意味をなくしていっていた。それに代わって本来は飼育されてはいなかった牛が、婚資の基準となる大型家畜として交換媒体の地位をしめた。大型家畜は、小型家畜と換算することが容易であった。牛は、山羊に換算され、したがって婚資は山羊で換算されることになった。同様に、小型家畜は現金に換算されることも容易であった。小型家畜は現金へと換算され、それによって、本来現金とより結びついていた食物とも換算されるようになった。もちろん、これら四つの層を貫いて、媒体として機能していたのは、現金である。婚資の基準としては、一九七〇年代から八〇年代にかけては、もはやブテアは利用されてはいず、牛や山羊などの家畜が用いられることが多かった。現金といっても、当時のザィール通貨であったのだが、婚資や家畜、食物のいずれにおいても利用し、交換することが可能であった。もちろん、村の中では、食物は買って得るものではなく、誰かに貰ったり、一緒に共食したりするものであった。

このように、一見ボハナンの分析したティブの社会と同様の変化を遂げたテンボの社会であった。テンボの社会もまた、多中心性をもった交換の媒体の社会から、近代貨幣による貨幣の一元化が達成された社会として位置づけられることが、可能であったように見える。

ただし、ティブの社会が二〇世紀の前半に達成したこの一元化は、テンボの社会では、二〇世紀後半に入ってから達成したために、新興独立国家としてのコンゴもしくはザィール共和国の体制の中で行なわれることになった。このことは、ティブの社会とは異なるいくつかの相違点を生み出した。新興独立国家の通貨は、かつての植民地宗主国の通貨とは異なり、国際通貨に対する安定性があるとはいえなかった。このため、通貨自体の信用が損なわれると、国際通貨に対する為替相場が暴落することになる。一九八〇年代末から九〇年代にかけてのザィールでは、大幅に通貨が暴落し、それに対してインフレーションが進行した。

その時には、貨幣自体に対する信頼が揺らいだ。この場合にテンボの人々は、ザィール通貨に依存するのではなく、実物経済すなわち家畜や食物そのものに信頼を置くようになったのである。通貨はインフレを起こし、日々値打ちが下がっていくが、食物や家畜は値打ちが変わらないからである。この結果、いったん現金に統合されていたテンボの経済は、二種類の交換の媒体に分かれたことになる。ボハナンが述べたような、貨幣による経済の一元化は、常に一方向で進行するのではなく、国家の通貨そのものが信用をなくした時には、再び多中心の経済に戻ることもあることを示していた。ただし、ブテアだけは、結婚における交換の媒体として戻ることはなかった。

わたし自身は、これまでテンボ社会における労働の交換について、主として分析を行なってきた（注3）。たとえば、農作業の際にリニージや家族内部において、どのような労働力利用がなされているのか。あるいは、男性間や女性間で組織される労働交換は、どのようなものであるか。あるいは、世代間や男女間で労働力の提供や贈与は起こりえるのかなどの研究である。労働力利用が結婚制度、特に一夫多妻制とも深く関係しており、また、結婚制度がリニージや家族ごとの経済力の豊かさや貧しさと関係していることも指摘してきた。しかし、交換の媒体としてのブテアについては、論及することがなかった。本章では、集積された労働力の表象としてブテアをとらえてみた。余裕のある労働力を、水田や畑の整備に投入して、蓄積していくという研究分析が、日本農業やアジア農業の研究では行なわれているが、ここでとりあげたテンボ社会のブテアの例は、これとはまったく異なる労働力の蓄積の仕方である。ブテアは集積された労働力の表象としてだけではなく、実際に交換の媒体として機能し、テンボ社会の多中心的な貨幣のひとつとして機能していた。また、これらの交換の媒体は、現代貨幣の流入により一元化されていくが、この一元化は必ずしも一方的なものではなく、リバーシブルな変化であることを示した。

注

（1）Paul Bohannan, The Impact of Money on an African Subsistence Economy, *The Journal of Economic History*, Vol.19, No.4, pp.491-503, 1959

（2）Paul Bohannan, Ibid., p.498, 1959

（3）末原達郎『赤道アフリカの食糧生産』同朋舎出版、一九九〇年

終章　文明としての農業と食料の未来

農業とは、文明にとって普遍の存在である。

農業が次第に日本社会の基盤を、経済的に支えることがなくなって、約半世紀がたった。たしかに、日本の産業の中心は、農業から工業へと移動した。しかし、産業構造が転換したということは、必ずしも農業がなくなることを意味しない。農業は、現在でも日本の産業として存続し続けている。どのような工業国であっても、どのような経済大国であったとしても、農業をなくしてしまったような国家は存在しない。もちろん、シンガポールのような都市国家は、この中に入らない例外である。ここで述べているのは、ある特定の領域と人口をもつ、いわゆる領域国家以上のものについてのことである。いいかえるならば、これを文明ということもできるだろう。すなわち、世界の多くの文明のうちで、農業が消滅してしまったような文明は、かつて存続することがなかったし、今後も存続しないであろう。

産業間における重点の移動は、農業だけでなく、工業の内部においても見られることである。たとえば繊維産業は、かつては日本の近代化を推進する役割を担った重要な産業であるが、今では工業生産の中心からは外れてしまっている。しかし、だからといって繊維産業が消滅してしまうわけではない。形をかえてはいるが、存続し続けている。鉄鋼業や非鉄金属業も、同様のことがいえるだろう。しかし、農業は工業よりも、さらに重要でかつ長期的にとらえなければならない点が二つある。一つは、人間の食料は、常に供給されなければならない、という点である。たとえ自国の通貨の価値が下がったとしても、自国の株の価値や土地の価格が暴落したとしても、紛争や戦争が勃発したとしても、気候変動が起きたとしても、人々の食料は、常に持続的に供給される必要がある。これを、お金さえ支払えば、必要な食料が常に外国から手に入るから大丈夫だろうというのは、幻想にすぎない。あるいは、詭弁にすぎない。食料を輸入に依存してしまうことは、たとえ短期的にはそれが可能だったとしても、長期的に見れば、かならず破綻が訪れる。こうしたことは、どこの文明でも、どこの領域国家でもあたりまえに理解している。

文明として長期的な視点をもつ

農業や食料の問題は、経済学の側面だけから、考えるべきではない。少なくとも、短期的に利潤の最大化をめざすような経済学からだけでは、考えるべきでない。むしろ、歴史学や、社会学、人類学といった、より長期的なスパンをもった科学とともに、考え、構築していくべきことなのである。また、本来の経済学には、そのような分野が含まれていたと、わたしは考える。

実際、世界中のどの文明も、外国からの食料輸入に文明の生存基盤を完全に依存させてしまうようなところはない。ただ、現代日本文明だけが、この危うい道を、文明としての進むべき思想をもつこともなく、歩み始めているのである。もし、日本に食料危機が訪れたとすれば、いったいどのような手段が準備されているというのだろうか。現在の日本では、残念ながら誰も、すなわち官僚も、政府も、財界人も、そんなところまでは、考えきれていないのが、現実である。さしあたりの経済政策や食品の安全問題に対応するだけで、手いっぱいなのである。われわれ、日本文明に属するふつうの庶民もまた、将来に対する不安を感じていながらも、現在ある状況に、ただ身をゆだねている。これは、たいへん危険なことである。考えるべき人々が、考えなければならない。官僚であれ、政治家であれ、財界人であれ、庶民であれ、研究者であれ、目先の利益とは別の次元で、長期的な視点をもって、日本文明の食料基盤について考えておかねばならない。むしろ、現在の政治システムや経済システムの最前線で当面の問題に追われている人たちとは別の人々こそが、これらの長期的な課題を見据え、次代の日本文明の基盤を築きあげる方策を構想していくことになるにちがいない。

文明とは、理念を必要とするものである。理念には、価値観が付随している。それも、経済だけの価値観ではなく、社会的価値観や、人生観、労働観、あるいは日々生きる目標さえをも含み込んだ価値観である。農業のはたす役割は、こうした文明としての理念や価値観のもとで、新しく位置づけし直す必要があるだろう。農業という産業に単に利益を誘導するのではなく、食料生産がもつ重要性を、日本文明の側が長期的な視点をもって保障し、経済的、政治的、社会的位置づけを与えるということが必要となってくる。

そこに暮らす人々の生存に必要な、質と量の食料を確保し続けることは、文明の存立の必須条件である。それは、その文明に属する人々にとっての基本的な安全を保障することであり、基本的人権の中でも、最も重要なことがらのひとつである。

日本文明の原点としての地域社会

もう一つ、重要な点がある。日本の社会が、地域社会の存続の危機に直面していることである。地域社会といっても、さまざまなレベルがある。大きな地域社会から、小さな地域社会まで、実に多様である。これらの地域社会は、日本文明の根幹を作ってきた。これからは国家の力が弱くなり、そのはたすべき仕事は次第に限定されてくるとわたしは思うが、その一方で、地域社会のあり方にこそ、日本文明の未来の姿は反映されてくると考えている。それほど重要であるにもかかわらず、地域社会の存続が危ぶまれている。

人間のごくふつうの生活は、地域社会との密接な結びつきの中に組み込まれている。日本中に多くの地域社会が存在し、そこで農業が営まれ、漁業が営まれ、小さな商店が営まれ、人間の生活を支えてきた。そうした地域社会が、個性を失い、存立の基盤を失いつつある。農業の村、漁業の町、山林の村、そうした特徴も今はよく見えなくなり、どこも似たような風景の町や村へと姿を変えていった。同時に、農産物も、水産物も、材木も、ほとんどすべてが外国からの輸入品に取ってかわってしまった。

日本の戦後における経済の発展は、工業製品の輸出国になることによって支えられてきた。経済的に見れば、発展途上国の一つといってもよかった当時の日本は、一九六〇年代に先進国の一つへと転換を遂げる。しかし、この時に日本の農業は、実質的に世界の自由貿易の枠組みの中に組み込まれることとなったのである。工業製品の輸出国をめざした日本は、自由貿易体制こそが最も有利な経済体制であったが、日本の農業にとっては、不利な条件を背負いこまざるをえなかった。

市場経済のグローバル化の中で

一九九〇年代は、自由貿易体制が市場経済原理主義へと転換を遂げていった時代である。日本に限らず、世界中で同じ現象が起きていた。市場経済原理主義は、国家という枠組みをこえて市場原理がいきわたることを求める。国家という枠組みやルールをこえる企業（多国籍企業）の存立を可能にし、すべての商品に対して、市場原理が働くように政治的、社会的条件を整えることを要求する。現在見られるグローバリゼーション（世界化）という現象は、本来の意味でのグローバリゼーションではなく、市場経済原理主義のグローバル化だったのである。同時に、政治や、社会や、文化に対する経済の優位を主張することでもあった。さらに、経済といっても、ごく短期的な視点に基づき、短期的な利益を目標とするような経済に、矮小化されていったのである。

もちろん、このようなタイム・スパンで、人間の幸福の未来や、食料や農業の課題を考察することはできない。

本書では、もう少し大きな視点、長いスパンで、ものごとを見る必要から、文明という言葉を用いてきた。また、経済的利益だけの価値観から離れる必要から、文化という言葉を用いてきた。文化という言葉は、価値の多様性を前提としている。農業を短期的な経済的価値からだけ判断する思想が、一九六〇年代以降、現在までずっと続いてきている。特に、経済の専門家であるほど、その傾向は強い。しかし、日本の農業の役割を短期的な経済の側面から見る時代は、もはや終わったと思う。日本は農業国から工業国への転換を、すでに遂げてしまったからである。

文化としての農業と文明としての食料生産

これからは、農業を経済からだけではなく、文化としても見る必要性がある。ただし、文化として農業を考えるということの中にも、経済的側面が含まれていることを、忘れてはならない。価値の中心がどちらにあるかウェイトのおき方が、変わるのである。

農業を文化として見ることは、食料もしくは「食」そのものが文化であることと深く関連している。これからの農業は、文化としての「食」と強い結びつきをもって存続していくことになるだろう。文化としての「食」は、食べ物の種類や、食べ物の質に強い関心をよせる。人々が、なぜ食品の安全や食料の質に関心をよせるのか。それは、実は「食」は文化であるということを理解できていないからにほかならない。

最後に、本書で文明という言葉を用いたもう一つの理由を述べておくことにする。文明という言葉もまた、異なる文明の存在を認めることを前提としている。この視点にたてば、本来のグローバリゼーションとは、ある特定の文明の特異な価値観で世界を一元化するのではなく、他文明の多様な存立を可能とするグローバリゼーションでなければならない。もし、日本文明が文明とよぶにふさわしいものであるとするならば、日本文明もまた、ヨーロッパ文明だけではなくアフリカ文明をはじめとする他の文明と、共存することが可能な文明でなければならないし、日本文明の食料基盤を構築するだけでなく、他の文明の食料基盤をも支えることができるものにしていきたいものである。

初出一覧

第Ⅰ部　日本の農業と地域社会の変容

第1章　日本のムラにおける環境認識の変遷
「日本のムラにおける環境認識の変遷」石毛直道編『環境と文化―人類学的考察』日本放送出版協会、一九七八年［四五七―四六五ページ］

第2章　村の祭りとその変貌
「村祭りの変貌」祖田修・大原興太郎編『現代日本の農業観―その現実と展望』富民協会、一九九四年［二〇一―二一一ページ］を一部改変

第3章　けんか祭りと岩瀬もん―地域社会はいかに出現するか
「けんか祭りと岩瀬もん―地域社会はいかに出現するか」井上忠司・祖田修・福井勝義編『文化の地平線―人類学からの挑戦』世界思想社、一九九四年［二二九―二五二ページ］を一部改変

第4章　農村地域における文化装置とツーリズム
「農村地域における文化装置とツーリズム―兵庫県丹波地域と富山県射水砺波地域を比較して」『農学原論研究』第3号、京都大学大学院生物資源経済学専攻農学原論研究室、一九九六年［七八―八七ページ］を大幅改変

第5章　富山の焼畑農業

「焼き畑農業」富山民俗文化研究グループ編『とやま民俗文化誌』(株)シー・エー・ピー、一九九八年［二一四―二一九ページ］を一部改変

第6章　有賀喜左衛門と石神村の変容

「日本における都市農村関係の変容とその研究法に関する考察―有賀喜左衛門と石神村の変容を事例として」祖田修編『都市・農村の交流と結合―21世紀に向けた都市・農村関係論の構築』京都大学大学院生物資源経済学専攻農学原論研究室、二〇〇一年［二〇八―二二三ページ］を一部改変

第Ⅱ部　文化としての農業、文明としての食料

第7章　「美しい農村」とは何か

「『美しい農村』とは何か」『農業と経済』第70巻1号、昭和堂、二〇〇四年［五―一二ページ］

第8章　文明としての食料生産

「文明としての食料生産」『農業と経済』第74巻4号、昭和堂、二〇〇八年［二〇―三〇ページ］

第9章　ブラシカ（アブラナ属）から見る世界

「文化としての農業・文化としての食料（1）―ブラシカ（Brassica L.）を中心として」『生物資源経済研究』第10号、京都大学大学院農学研究科生物資源経済学専攻、二〇〇五年［一―一三ページ］

第10章　「城壁のない都市」京都の都市農業

「文化としての農業・文化としての食料（2）―「城壁のない都市」京都の都市農業」『生物資源経済研究』第11号、京都大

学大学院農学研究科生物資源経済学専攻、二〇〇六年［一六一―一七二ページ］

第Ⅲ部　日本のアフリカ研究

第11章　アフリカ農業・農学研究の歴史と現在
「アフリカの農業・農村社会・農学研究の展開過程」『アフリカ研究』第58号、日本アフリカ学会、二〇〇一年［一九―二二ページ］を一部改変

第12章　アフリカ地域研究の変容と今後の可能性
「アフリカ地域研究の変容と可能性」『農林業問題研究』第140号、地域農林経済学会、二〇〇〇年［一〇六―一一三ページ］を一部改変

第13章　腕輪の貨幣―コンゴ東部農耕民社会における腕輪、食べ物、家畜
「ブテアの力―コンゴ東部農耕民社会における腕輪の貨幣について」『アリーナ2007』人間社、二〇〇七年［五二―五八ページ］

あとがき

わたしは、日本の農業と農村の研究を、小さな山村から開始した。一九七〇年代のことである。そのときすでに、過疎という言葉があり、過疎化が問題となっていた。また、当時から日本農業は、徐々に衰退していく傾向にあった。それから三十数年たつ。日本農業と農村は、なんとか現在でも存続している。しかし、危機的状況が、ますます厳しくなっているのも事実である。

小さな山村から研究を始めたことは、農業の経済的な成功例をとりあげるのとは別の視点で、農業や農村を見ることにつながった。特別突出した人物よりも、それらの人を生み出しとりまいている人間の社会の方に、その社会の中で生きている一般の人々の普通の人生と、それらをつくりあげている社会の仕組みや文化の方に、興味が深まっていった。いいかえれば、社会を構造的に見ることと、社会を単に経済の問題だけではなく、全体性の中で位置づけようとする傾向が、身についていったのかもしれない。今でもわたしは、人文・社会科学の研究にとって、最もだいじなことは、人間の生活と生存の問題にあると思っている。また、生活や生存の維持の基盤は、単に個人や個々の家族だけではなく、それを支える社会にあると考えている。社会というものが、どのような範囲を含むものなのか、社会がどのように生活や生存の基盤を支えるかについては、本書でも少し触れたが、さらに深く考えていく必要があるだろう。

ところで、「過疎の村」とか「過疎社会」という言葉を最初に用いられたのは、当時京都大学の社会学研究室で「文化人類学」を教えられていた米山俊直先生である。米山先生は、農学部出身のフィールド派の農村社会研究者でもあった。わたしは、米山先生と大学一回生のときに出会った。このことが、その後のわたし自身の研究方向を決定づけてしまうことになる。

今、振り返ってみると、米山先生の考え方で、印象的だったことが三つある。

ひとつは、ごくあたりまえの普通の人々の視点を大切にするという考え方である。特にエリートでもなく、特に金持ちでもなく、多くの地域社会の中で多数生活している、ごくごく普通の人々の考え方や生き方を、しっかりと見ていこうとするものである。

ふたつめは、日本の中にとどまらず、世界に出かけて、世界の農村や地域社会の実情を、自分の目で見、自分の足で歩き、話を聞いて確かめ、よく考えていこうとする姿勢である。そのためには、その地に住みこんで生活することや、言葉を学ぶことが重要な手段になる。相手を理解するというのは、相手の言葉の意味や生活を理解することでもある。

三つめは、都市と農村の問題を、結びつけて考えるという方法である。都市生活と農村生活は断絶しているのではなく、結びついている。単に同時代を生きているということで関係しているだけではない。農村そのものが都市化し、世界全体が都市化している。こうした状況の認識は、世界の都市研究へと進んだ米山先生の原点となる考え方である。

その米山俊直先生が、二〇〇六年三月に逝去された。すでに準備されていた『米山俊直精選集』（ベストセレクション）を出版する作業を、急遽手伝うことになった。『米山俊直の仕事 人、ひとにあう。—むらの未来と世界の未来』、『米山俊直の仕事 ローカルとグローバル—人間と文化を求めて』、そして遺稿となった『「日本」とはなにか—文明の時間と文化の時間』の三冊である。

これらの編集作業がようやく終わった後、編集者の道川文夫さんから、わたし自身の仕事の一部をまとめてみないか、というお誘いを受けた。躊躇する点もあったが、喜んでお引き受けすることにした。米山先生からの、最後の仕事のお誘いのような気がしたからである。米山先生のお仕事とわたしの仕事とを結びつけてくださった道川文夫さんと、実際の編集作業を丁寧に行なってくださった多賀谷典子さんに心から御礼を申し上げます。

また、本書のもととなった調査研究は、文部科学省科学研究費の助成を受けている。最新のものは、「文化としての農業と地域社会における生物資源の存続に関する比較研究」（課題番号一八三八〇一三三）であった。記して感謝したい。

本書を、常にソーシャル・アンクルであった米山俊直先生と、わたし自身の亡き父に捧げたいと思う。

二〇〇九年五月　新緑の京都にて

末原達郎

撮　影　水野克比古
写真提供（本文等）　末原達郎

編　集　多賀谷典子・道川龍太郎
協　力　青研舎

末原達郎
……すえはら・たつろう……
1951(昭和26)年生まれ。京都大学農学部卒。
京都大学大学院農学研究科博士課程研究指導認定。農学博士(京都大学)。
富山大学、龍谷大学を経て、2004年より京都大学大学院農学研究科教授。
生物資源経済学・農学原論専攻。

主な著書
『赤道アフリカの食糧生産』(同朋舎出版、1990年)
『現代日本の農業観—その現実と展望』(共著、富民協会、1994年)
『アフリカ経済』(編著、世界思想社、1998年)
『フィールドワークの新技法』(共著、日本評論社、2000年)
『持続的農業農村の展望』(共編著、大明堂、2003年)
『人間にとって農業とは何か』(世界思想社、2004年)など。

文化としての農業 文明としての食料

発行
2009年7月20日
初版第1刷発行

著者
末原達郎

発行者
道川文夫

発行所
人文書館
〒151-0064 東京都渋谷区上原1丁目47番5号
電話 03-5453-2001(編集) 03-5453-2011(営業)
電送 03-5453-2004
http://www.zinbun-shokan.co.jp

ブックデザイン
鈴木一誌+松村美由起

印刷・製本
信毎書籍印刷株式会社

乱丁・落丁本は、ご面倒ですが小社読者係宛にお送り下さい。
送料は小社負担にてお取替えいたします。

ISBN 978-4-903174-22-8
Printed in Japan